從零開始學！

從零開始學！

　　2004年至2008年間，我每年春天都誕生一本的『烤箱作點心的食譜』，共創作了五本食譜。本系列以點心為類別重新作編排，除了內容更容易閱讀之外，點心食譜的重點也濃縮為三本，嶄新登場與各位烘焙之友見面。

　　一路走來，如今回頭審視，當時對食譜內容的想法及製作點心相關的點點滴滴，就這麼悄然卻又鮮明地重新回憶起。有很多感處，有很多的愛，無論哪一道食譜，都全心全意地投入製作與創新，對我而言，最心愛的點心烘焙是猶如可愛孩子般的存在。接下來的五年、十年，甚至更遙遠的未來，若是各位能夠利用本書中的食譜，自由地製作可口的點心，或是以本書為基礎創造更多變化，將是我莫大的榮幸。

　　本書收錄的內容為餅乾＆奶油蛋糕食譜。口感酥脆的餅乾及溫潤美味的奶油蛋糕，可以當作每天的早餐，製作點心來招待客人，或者當成可愛小禮物。
接下來，輕鬆愉快地烤出許多美味的點心來吧！

稻田多佳子

最詳細の烘焙筆記書 III

從零開始學
戚風蛋糕&巧克力蛋糕

Chiffon Cake & Chocolate Cake Recipe

稻田多佳子

CONTENTS

戚風蛋糕

巧克力蛋糕與
贈禮用蛋糕

本書的使用說明
· 本書所使用的大匙為15ml，小匙為5ml。
· 雞蛋選用大顆L size。
· 室溫為20℃左右。
· 隔水加熱使用的熱水為沸水。
· 烤箱先行預熱。烘焙時間則視熱源及機種的不同
　而有所差異。請以食譜中的時間為基礎，
　視點心的烘焙狀況自行調整時間。
· 使用微波爐加熱時，功率為500W。

Column

塔 & 派

以酵母作點心

小小的烤蛋糕 & 冰涼小點心

粉類／蛋／砂糖　這些都是製作點心所需的基本材料。粉類盡量使用剛開封的，蛋則使用新鮮的，作出來的點心會更美味。砂糖選擇自己喜歡的種類即可。

＋ 粉類

低筋麵粉

製作點心時使用的是低筋麵粉。天婦羅的麵衣也是使用這種麵粉。因為麵粉會結塊，若是沒有過篩直接使用，作出來的蛋糕會有粉粒殘留，所以使用前請先過篩，將粉粒去除。

玉米粉

以玉米為原料作成的澱粉。顆粒極細，有著輕飄飄的質感。用來製作卡士達醬、檸檬奶油、杏仁奶油等，能創造出輕盈的口感。如果手邊沒有玉米粉，也可以低筋麵粉來代替。

杏仁粉

將杏仁磨碎成粉所製成。與低筋麵粉混合後能增添風味，烘烤出既札實又濕潤的蛋糕。另外，加了許多杏仁粉所製作出的費南雪，則是令人難以招架的美味。

泡打粉

加了泡打粉能讓蛋糕烤起來更柔軟蓬鬆，但如果放得太久膨脹效果會降低，也會產生特有的臭味及苦味，要特別注意。我愛用的牌子是RUMFORD，罐子的設計也非常有特色！

＋ 蛋

蛋要選擇蛋殼堅硬、新鮮的蛋。在平地飼養、於自然環境中長大的健康雞隻所生的蛋，果然還是比較好吃（遇到健康的蛋就會想烤個布丁呢！）。我使用的是L尺寸的蛋，使用前先從冰箱取出，回復到室溫再使用。

＋ 砂糖

細砂糖

拿起來輕飄飄的不沾手，也沒有特殊氣味、擁有清爽的甜味，這種白砂糖是作點心的基本材料。我愛用的是顆粒特別細緻的細白砂糖，容易與麵糰相融，十分好用。

part
1

戚風蛋糕

在烤箱裡緩緩膨脹起來的模樣真是有趣,

從模型裡取出來的蛋糕是如此輕盈蓬鬆,

戚風蛋糕的柔軟的觸感及口感都令人感到開心。

以直徑20cm的模型烤出大大的戚風蛋糕,盡情滿足想大口吃蛋糕的心情;

17cm的模型份量上容易製作,最適合日常食用;

較小的14cm戚風蛋糕可當作小禮物送人,這樣的大小非常可愛;

更小的10cm戚風蛋糕,是適合1至2人食用的尺寸,

當作可愛又有趣的伴手禮,對方也能毫無負擔地收下。

香蕉戚風蛋糕

高中時代我經常跟朋友一起尋訪好吃的蛋糕店。「有間蛋糕店的蛋糕很好吃喔～」聽到這樣的

傳言就會立即前往，幾乎吃遍了市內所有的蛋糕店。每當我們猶豫著不知道去哪間店比較好

時，有一間蛋糕店便是我們的口袋名單。

我第一次吃到的戚風蛋糕，就是那間店所賣的巧克力戚風蛋糕。毫無任何花俏裝飾，只是烤好

就拿出來擺在店裡賣，蛋糕的外表看起來很新鮮美味，吃到嘴裡是濕潤又鬆軟的口感。我對這

種輕盈蓬鬆的口感一見鍾情！

當時販賣戚風蛋糕的店還不普遍，因此我常常跑到那間店去吃，或為了買戚風蛋糕回家而特地

開車前往。不過，就算是同一間蛋糕店所賣的同一種戚風蛋糕，口感偶爾還是會有微妙的不

同。有時候吃起來超級柔軟，有時會覺得今天的蛋糕好像比較硬些，是不是水放太少了呢？會

有這樣的感覺，是不是因為戚風蛋糕是種非常纖細的蛋糕呢？哎呀，就當作是這樣吧（笑）。

材料（直徑20cm戚風蛋糕模型1個份）

\ 低筋麵粉　120g

\ 泡打粉　½大匙

\ 鹽　1小撮

細砂糖　110g

蛋黃　4個

蛋白　5個份

牛奶　2大匙

沙拉油　60ml

香蕉　1大根（110g）

前置準備

＋將低筋麵粉、泡打粉及鹽混合後過篩。

＋烤箱預熱至160℃。

◎ 作法

1　香蕉去皮後以叉子壓碎。

2　在鋼盆裡放入蛋黃，以打蛋器打散，再加入一半份量的細砂糖攪拌均勻（不需要打到變成白色軟綿狀）。

3　依序加入牛奶、沙拉油、香蕉後繼續攪拌，再倒入粉類混合成柔滑狀。

4　在另一個鋼盆裡放入蛋白，一點一點慢慢地倒入剩餘的細砂糖，再以打蛋器攪拌成有光澤又綿密的蛋白糖霜。

5　在步驟3的鋼盆裡放入1勺步驟4的蛋白糖霜，用打蛋器以畫圓的方式拌勻。剩餘的蛋白糖霜分2次加入，再以矽膠刮刀以切拌的方式攪拌，直至蛋白糖霜的白色紋路消失為止。

6　在模型（內側什麼都不塗）裡倒入麵糊，放入160℃烤箱中烘烤約45至50分鐘。打開烤箱，拿竹籤刺入蛋糕中央，如果抽出來的竹籤上未沾附麵糊，就表示烤好了。

7　將模型倒置，拿罐頭或較高的容器墊在模型下方靜待蛋糕冷卻。待完全冷卻後，在模型與蛋糕間插入刀子，稍微劃一圈讓蛋糕與模型分離。接著在模型底部與蛋糕之間插入刀子、模型中央圓筒與蛋糕之間插入竹籤，使蛋糕完全脫模。

香蕉戚風蛋糕，
要作得好吃就必須使用熟透的香蕉。
香蕉皮上出現黑色斑點，
果肉已開始變軟時就是最好吃的時候。
可以蘭姆酒代替牛奶加入，
作出來的香蕉戚風蛋糕會呈現出成熟的風味。

戚風蛋糕的麵糊烤熟膨脹後，
需要倒置放涼才不會使蛋糕塌縮。
因此使用蛋糕不易滑落的
鋁製模型會比較適合。
以稍小的14cm蛋糕模來烤，
看起來也會很可愛。

抹茶戚風蛋糕

雖然我對於製作和風點心不是那麼拿手，但如果是以抹茶作的西式糕點就沒問題囉，

因為我最喜歡抹茶了！不只是抹茶，舉凡日本茶到紅茶、甚至是中國茶都喜歡，總之我是個喜

愛茶的人。

我老家附近的茶店有賣霜淇淋，那裡的抹茶冰淇淋非常美味，從小就很喜歡，常常跑去吃。現

在只要在夏天回到老家，媽媽總是很體貼地在冰箱冷凍庫裡幫我準備好抹茶霜淇淋呢！

當我要用抹茶製作點心時，也會像平常喝番茶〔註〕或煎焙茶那樣，到店裡去採購茶葉。如

果是自己信賴的茶店所賣的抹茶，即使買的不是什麼高級品，感覺作出來應該也會很好吃吧

（笑）！

註：番茶（ばんちゃ）是日本綠茶的一種，使用茶尖嫩芽以下、尺寸較大的葉子焙製而成，夏秋兩季採收的茶葉也稱為番茶。

材料（可直徑20cm戚風蛋糕模型1個份）

⎰ 低筋麵粉 115g
⎰ 抹茶 15g
⎰ 泡打粉 ½大匙
⎰ 鹽 1小撮
細砂糖 120g
蛋黃 4個
蛋白 5個份
水 90ml
沙拉油 60ml

前置準備

+ 將低筋麵粉、抹茶、泡打粉及鹽混合後過篩。
+ 烤箱預熱至160℃。

◎ 作法

1 在鋼盆裡放入蛋黃，以打蛋器打散，再加入一半份量的細砂糖攪拌均勻（不需要打到變成白色軟綿狀）。

2 依序加入水、沙拉油後繼續攪拌，再倒入粉類混合成柔滑狀。

3 在另一個鋼盆裡放入蛋白，一點一點慢慢地倒入剩餘的細砂糖，再以打蛋器攪拌成有光澤又綿密的蛋白糖霜。

4 在步驟2的鋼盆裡放入1勺步驟3的蛋白糖霜，用打蛋器以畫圓的方式拌勻。剩餘的蛋白糖霜分2次加入，再以矽膠刮刀以切拌的方式大動作攪拌。

5 在模型（內側什麼都不塗）裡倒入麵糊，放入160℃烤箱中烘烤約45至50分鐘。打開烤箱，拿竹籤刺入蛋糕中央，如果抽出來的竹籤上未沾附麵糊，就表示烤好了。

6 將模型倒置，凸出的圓筒部分置於罐頭或較高的容器上，靜待蛋糕冷卻。待完全冷卻後，在模型與蛋糕間插入刀子，稍微劃一圈讓蛋糕與模型分離。接著在模型底部與蛋糕之間插入刀子、模型中央圓筒與蛋糕之間插入竹籤，使蛋糕完全脫模。

京都・井六園的抹茶，
名字叫作「翠鳳」。
我最喜歡以這種抹茶作出來的抹茶戚風蛋糕。
將抹茶撒到點心或奶油上，
或與糖粉混合後作成核桃圓餅、
撒在巧克力上，
還是作成抹茶牛奶都很棒。

在戚風蛋糕上佐上濃稠的打發鮮奶油一同享用。

香草戚風蛋糕

蓬鬆又柔軟、纖細的觸感與口感，正是戚風蛋糕最大的魅力，是蛋糕世界裡不可或缺的重要角色。從古至今，戚風蛋糕都是大家最喜愛的蛋糕。在原味麵糊裡加入香草香氣的戚風蛋糕，不管是誰都能感到很放鬆且愉快地享用。

依據製作的戚風蛋糕種類，以及當時自己的喜好或狀態，會改變粉類、水分及油脂的比例，但這裡所介紹的是我長期以來主要製作的比例。吃起來蓬鬆又濕潤、擁有溫和的柔軟度，材料又容易取得，這就是我想作的戚風蛋糕。

材料（直徑20cm戚風蛋糕模型1個份）
| 低筋麵粉　125g
| 泡打粉　½大匙
| 鹽　1小撮
細砂糖　125g
蛋黃　4個
蛋白　5個份
水　100ml
沙拉油　65ml
香草莢　½根（或香草精少許）

前置準備
＋將低筋麵粉、泡打粉及鹽混合後過篩。
＋烤箱預熱至160℃。

◎ 作法
1 在鋼盆裡放入蛋黃，以打蛋器打散，再加入一半份量的細砂糖攪拌均勻（不需要打到變成白色軟綿狀）。香草莢縱切，取出香草籽放入鋼盆，香草莢也一起放進去。
2 依序加入水、沙拉油後繼續攪拌，再倒入粉類混合成柔滑狀（如果是使用香草精，則在此時加入）。接著取出香草莢。
3 在另一個鋼盆裡放入蛋白，一點一點慢慢地倒入剩餘的細砂糖，再以打蛋器攪拌成有光澤又綿密的蛋白糖霜。
4 在步驟2的鋼盆裡放入1勺步驟3的蛋白糖霜，用打蛋器以畫圓的方式拌勻。剩餘的蛋白糖霜分2次加入，再以矽膠刮刀以切拌的方式大動作攪拌。
5 在模型（內側什麼都不塗）裡倒入麵糊，放入160℃烤箱中烘烤約45至50分鐘。打開烤箱，拿竹籤刺入蛋糕中央，如果抽出來的竹籤上未沾附麵糊，就表示烤好了。
6 將模型倒置，凸出的圓筒部分置於罐頭或較高的容器上，靜待蛋糕冷卻。待完全冷卻後，在模型與蛋糕間插入刀子，稍微劃一圈讓蛋糕與模型分離。接著在模型底部與蛋糕之間插入刀子、模型中央圓筒與蛋糕之間插入竹籤，使蛋糕完全脫模。

使用一般的香草精或香草油就很足夠了，但如果要以香草的香味為主角來製作點心，想讓吃的人大為讚嘆，使用香草莢會更好喔。不但能讓香味更加濃郁，而且小小的香草籽顆粒看起來也非常可愛。

材料（直徑20cm戚風蛋糕模型1個份）

- 低筋麵粉　125g
- 泡打粉　½大匙
- 鹽　1小撮

細砂糖　125g

蛋黃　4個

蛋白　5個份

水　100ml

沙拉油　65ml

紅茶茶葉　4g（若是茶包則使用2包）

裝飾用糖粉適量

前置準備

＋將低筋麵粉、泡打粉及鹽混合後過篩。

＋將紅茶茶葉磨碎（若是茶包則可直接使用）。

＋烤箱預熱至160℃。

◎ 作法

1 在鋼盆裡放入蛋黃，以打蛋器打散，再加入一半份量的細砂糖攪拌均勻（不需要打到變成白色軟綿狀）。

2 依序加入水、沙拉油後繼續攪拌，再倒入粉類及紅茶茶葉，混合成柔滑狀。

3 在另一個鋼盆裡放入蛋白，一點一點慢慢地倒入剩餘的細砂糖，再以打蛋器攪拌成有光澤又綿密的蛋白糖霜。

4 在步驟2的鋼盆裡放入1勺步驟3的蛋白糖霜，用打蛋器以畫圓的方式拌勻。剩餘的蛋白糖霜分2次加入，再以矽膠刮刀以切拌的方式大動作攪拌。

5 在模型（內側什麼都不塗）裡倒入麵糊，放入160℃烤箱中烘烤約45至50分鐘。打開烤箱，拿竹籤刺入蛋糕中央，如果抽出來的竹籤上未沾附麵糊，就表示烤好了。

6 將模型倒置，凸出的圓筒部分置於罐頭或較高的容器上，靜待蛋糕冷卻。待完全冷卻後，在模型與蛋糕間插入刀子，稍微劃一圈讓蛋糕與模型分離。接著在模型底部與蛋糕之間插入刀子、模型中央圓筒與蛋糕之間插入竹籤，使蛋糕完全脫模。最後依照喜好撒上糖粉裝飾。

製作紅茶戚風蛋糕時，
一定要選用格雷伯爵紅茶。
戚風蛋糕以外的點心，
也一定要以格雷伯爵紅茶製作。
享用以格雷紅茶作的點心時喝的茶飲，
結果還是格雷伯爵紅茶吧！

紅茶戚風蛋糕

與香草戚風蛋糕並列為我最常作的蛋糕之一，就是紅茶戚風蛋糕。用來作點心的紅茶葉，我最愛的還是格雷伯爵紅茶（Earl Grey Tea）。以前我會仔細煮好紅茶當作材料中的水分來製作，但從某天開始就只有加入紅茶茶葉了。

這個契機，來自離我家最近的車站附近的蛋糕店所賣的戚風蛋糕。那裡的紅茶戚風蛋糕不是使用紅茶，而是在牛奶色的麵糊裡加入細細的紅茶茶葉。我很喜歡它的香味，有種不過分強烈的平衡感，自從吃到那間店的紅茶戚風蛋糕之後，我製作紅茶戚風蛋糕時就改成只加入茶葉了。

另外，那間蛋糕店從來不賣裝飾繁複豪華的蛋糕，他們的蛋糕總是外表樸實、每種都是小小一塊。但每塊蛋糕都能讓人感覺到其用心製作的美味，讓人每一種都想多買幾塊，是我所喜愛的那種小巧的蛋糕店。雖然那間店已經消失了好長一段時間，但那種溫柔的美味，至今仍印象深刻。

罌粟籽戚風蛋糕

我一直相信蛋糕就是要烤得大大的才好吃！雖然這個想法沒有改變，但當我幻想送蛋糕當禮物的場景時，總覺得20cm的蛋糕好像太沉重了，14cm又似乎太小了點，最近，使用17cm的模型來烤最恰到好處。比20cm的蛋糕小了一圈，容易包裝，拿在手上又不會顯得太大，真是不錯。

雖然我愛用的是10cm至14cm的蛋糕模，比較適合用於試作新口味，而非真正用來送人的尺寸。如果製作的戚風蛋糕口味比較特殊，作小一點對方好像也較能欣然接受。可以當作試吃用的蛋糕，如果當成禮物送人，小小的蛋糕感覺也比較親切。對送禮的人或收禮的人來說，小尺寸的蛋糕都讓人感覺輕鬆不少。

材料（直徑17cm戚風蛋糕模型1個份）
低筋麵粉　65g
泡打粉　½小匙
鹽　1小撮
細砂糖　65g
蛋黃　2個
蛋白　3個份
水　50ml
沙拉油　35ml
罌粟籽　1大匙

前置準備
＋將低筋麵粉、泡打粉及鹽混合後過篩。
＋烤箱預熱至160℃。

作法

1 在鋼盆裡放入蛋黃，以打蛋器打散，再加入一半份量的細砂糖攪拌均勻（不需要打到變成白色軟綿狀）。

2 依序加入水、沙拉油後繼續攪拌，再倒入粉類及罌粟籽，混合成柔滑狀。

3 在另一個鋼盆裡放入蛋白，一點一點慢慢地倒入剩餘的細砂糖，再以打蛋器攪拌成有光澤又綿密的蛋白糖霜。

4 在步驟 2 的鋼盆裡放入1勺步驟 3 的蛋白糖霜，用打蛋器以畫圓的方式拌勻。剩餘的蛋白糖霜分2次加入，再以矽膠刮刀以切拌的方式大動作攪拌。

5 在模型（內側什麼都不塗）裡倒入麵糊，放入160℃烤箱中烘烤約25分鐘。打開烤箱，拿竹籤刺入蛋糕中央，如果抽出來的竹籤上未沾附麵糊，就表示烤好了。

6 將模型倒置，凸出的圓筒部分置於罐頭或較高的容器上，靜待蛋糕冷卻。待完全冷卻後，在模型與蛋糕間插入刀子，稍微劃一圈讓蛋糕與模型分離。接著在模型底部與蛋糕之間插入刀子、模型中央圓筒與蛋糕之間插入竹籤，使蛋糕完全脫模。

材料（直徑17cm戚風蛋糕模型1個份）

| 低筋麵粉　65g
| 泡打粉　½小匙
| 鹽　1小撮

細砂糖　65g

蛋黃　2個

蛋白　3個份

水　50ml

沙拉油　35ml

| 即溶咖啡　1小匙
| 咖啡利口酒　½小匙

前置準備

+ 將低筋麵粉、泡打粉及鹽混合後過篩。
+ 在即溶咖啡裡倒入咖啡利口酒後溶解
　（以微波爐加熱幾秒會更容易溶解）。
+ 烤箱預熱至160℃。

◎ 作法

1 在鋼盆裡放入蛋黃，以打蛋器打散，再加入一半份
　量的細砂糖攪拌均勻（不需要打到變成白色軟綿
　狀）。

2 依序加入水、沙拉油後繼續攪拌，再倒入粉類，混
　合成柔滑狀。

3 在另一個鋼盆裡放入蛋白，一點一點慢慢地倒入剩
　餘的細砂糖，再以打蛋器攪拌成有光澤又綿密的蛋
　白糖霜。

4 在步驟2的鋼盆裡放入1勺步驟3的蛋白糖霜，用
　打蛋器以畫圓的方式拌勻。剩餘的蛋白糖霜分2次
　加入，再以矽膠刮刀以切拌的方式大動作攪拌。

5 緩緩倒入咖啡液，快速攪拌2至3次，製作出大理石
　紋路（若過度攪拌會導致大理石紋路消失）。

6 在模型（內側什麼都不塗）裡倒入麵糊，放入
　160℃烤箱中烘烤約25分鐘。打開烤箱，拿竹籤刺
　入蛋糕中央，如果抽出來的竹籤上未沾附麵糊，就
　表示烤好了。

7 將模型倒置，凸出的圓筒部分置於罐頭或較高的容
　器上，靜待蛋糕冷卻。脫模的方式與左頁相同。

咖啡大理石戚風蛋糕

質地細緻、蓬鬆柔軟的戚風蛋糕。為了不破壞其特有

的濕潤口感，送禮時我都盡可能不切開。

這裡用的模型是戚風紙模。但有幾個比較需要注意的

地方：烤好的蛋糕內部會不會有空洞、會不會裂開等

等。因為看不見蛋糕內部的狀態，可能撕開紙模時會

嚇一跳「咦？怎麼烤成這樣？」那就糟糕了。收到這

種失敗蛋糕的朋友們，真的很不好意思！因為我個性

比較謹慎，不管烤了幾次、無論過了多久，還是會擔

心蛋糕出狀況……可能沒辦法擺脫這種被擔心所束縛

的感覺吧！

這款蛋糕使用的咖啡利口酒份量非常少。
因此不需要特地為了製作蛋糕
而買一大瓶酒，
如果手邊剛好沒有咖啡利口酒，
以熱水代替也可以。
家裡有咖啡利口酒就加入，
以輕鬆的心情製作即可。

天使戚風蛋糕

很久以前就聽說這樣的說法：戚風蛋糕名字為「天使所吃的蛋糕」之意，起源於美國，只使用蛋白、以戚風蛋糕模型烤出純白蓬鬆的蛋糕，真的恰如其名，給人「天使的食物」的印象。相反地，有種以巧克力烤出的全黑色蛋糕則命名為「惡魔蛋糕」。不禁覺得這種幽默命名方式，似乎特別引起大眾的興趣呢！

這款天使蛋糕以一般的戚風蛋糕食譜為基礎，再加上以蛋白為主的戚風蛋糕食譜為靈感所製作出來的。為了讓口味更香醇，同時兼具濃郁香味及柔軟度，因此使用了一顆蛋黃。因為添加了蛋黃，顏色並非純白，但呈現出一種天然的顏色，感覺非常棒。以粉雪般的糖粉來增添甜度，製作出的蛋糕柔軟、輕盈又蓬鬆，感覺一碰就會消失似的，就是這款有如嬰兒般純真的天使戚風蛋糕。

材料（直徑17cm戚風蛋糕模型1個份）

低筋麵粉　65g

泡打粉　½小匙

糖粉　70g

蛋黃　1個

蛋白　4個份

牛奶　50ml

杏仁油（或沙拉油）　40ml

鹽　1小撮

前置準備

╋將低筋麵粉、泡打粉及鹽混合後過篩。

╋烤箱預熱至160℃。

◎ 作法

1 在鋼盆裡放入蛋黃，以打蛋器打散，再加入一半份量的糖粉攪拌成濃稠均勻狀。再依序加入牛奶及杏仁油（各自以慢慢少量加入的方式倒入）、粉類（以輕撒的方式加入），攪拌成柔滑狀。

2 在另一個鋼盆裡放入蛋白，少量慢慢地倒入剩餘的糖粉，再以手持式電動攪拌器攪拌成有光澤又綿密的蛋白糖霜。

3 在步驟1的鋼盆裡放入1勺步驟2的蛋白糖霜，用打蛋器以畫圓的方式拌勻。剩餘的蛋白糖霜分2次加入，再以矽膠刮刀從盆底往上以大動作輕輕攪拌，再倒回原本裝蛋白糖霜的鋼盆，以從盆底往上翻拌的方式大動作攪拌，耐心且快速地攪拌直至蛋白糖霜的白色紋路消失為止。攪拌好的麵糊是呈現有光澤又蓬鬆的狀態。

4 在模型（內側什麼都不塗）裡倒入麵糊，倒入時輕輕地搖晃讓麵糊落入模型中。放入160℃烤箱中烘烤約30分鐘。打開烤箱，拿竹籤刺入蛋糕中央，如果抽出來的竹籤上未沾附麵糊，就表示烤好了。將模型倒置，凸出的圓筒部分置於罐頭或較高的容器上，靜待蛋糕冷卻。

5 待完全冷卻後，在模型側面與蛋糕間插入刀子，刀刃沿著模型側邊快速劃一圈讓蛋糕與模型分離。接著在模型中央圓筒與蛋糕之間及在模型底部與蛋糕之間插入刀子快速劃一圈，使蛋糕完全脫模。

精純的杏仁油，
是以杏仁為原料所製成的，
含有優秀抗氧化作用的維生素E。
義大利Aarhus Karlshamn公司
所出品的這款杏仁油，
香氣非常穩定，任何用途都很適合。
可以取代沙拉油來製作蛋糕點心，
或當作淋醬。

焙茶戚風蛋糕

比起平時用較受歡迎的紅茶或抹茶所作的甜點，以焙茶作的甜點在大家心目中是處於什麼地位

呢？喜歡喝茶的我，除了焙茶外，也喜歡以日本茶或中國茶來製作甜點。我的居住地京都，這幾

年有很多茶店開始販賣用焙茶作的霜淇淋。具有深度的香氣，吃起來很舒服，對我來說，無論是

用餐時或茶點時間，每天都不可或缺的就是茶了。我最喜歡的是一保堂茶鋪的「極上焙茶」。

無須拘泥泡法，只要注入熱水就能泡出好喝的焙茶，泡好時的香氣及味道非常有深度。像焙茶

或番茶這種茶湯呈現褐色的茶，由於以高溫煎焙，咖啡因都已經去除了，喝再多也不會對胃造成

負擔，這也是我所中意的地方。京都的仁和寺附近有間能讓人心情沉穩、很棒的咖啡店，夏天時

店裡所提供的冷泡焙茶非常美味。以好水及帶梗焙茶泡出來的冷泡茶，對於覺得泡茶就是要用熱

水的我來說，是非常新鮮的作法。自從那次喝到之後，只要到了夏天，除了煎茶及凍頂烏龍茶之

外，我也會以焙茶作成冷泡茶飲用。

材料（可作直徑17cm戚風蛋糕模型1個份）

低筋麵粉　65g

泡打粉　½小匙

細砂糖　65g

蛋黃　2個

蛋白　3個份

水　50ml

沙拉油　35ml

鹽　1小撮

焙茶茶葉　4g（若使用茶包則為2包）

前置準備

+ 將焙茶茶葉磨碎（若是茶包則可直接使用）

+ 將低筋麵粉、泡打粉及鹽混合後過篩。

+ 烤箱預熱至160℃。

◎ 作法

1 在鋼盆裡放入蛋黃，以打蛋器打散，再加入一半份量的細砂糖攪拌成濃稠均勻狀。依序加入水及沙拉油（各自以慢慢少量加入的方式倒入）、焙茶葉、粉類（以輕撒的方式加入），攪拌成柔滑狀。

2 在另一個鋼盆裡放入蛋白，一點一點慢慢地倒入剩餘的細砂糖，再以手持式電動攪拌器攪拌成有光澤又綿密的蛋白糖霜。

3 在步驟1的鋼盆裡放入1勺步驟2的蛋白糖霜，用打蛋器以畫圓的方式拌勻。剩餘的蛋白糖霜分2次加入，再以矽膠刮刀從盆底往上以大動作輕輕攪拌，然後再倒回原本裝蛋白糖霜的鋼盆，以從盆底往上翻拌的方式大動作攪拌，耐心且快速地攪拌直至蛋白糖霜的白色紋路消失為止。攪拌好的麵糊是呈現有光澤又蓬鬆的狀態。

4 在模型（內側什麼都不塗）裡倒入麵糊，倒入時輕輕地搖晃讓麵糊落入模型中。放入160℃烤箱中烘烤約30分鐘。打開烤箱，拿竹籤刺入蛋糕中央，如果抽出來的竹籤上未沾附麵糊，就表示烤好了。將模型倒置，凸出的圓筒部分置於罐頭或較高的容器上，靜待蛋糕冷卻。

5 待完全冷卻後，在模型側面與蛋糕間插入刀子，刀刃沿著模型側邊快速劃一圈讓蛋糕與模型分離。接著在模型中央圓筒與蛋糕之間，以及在模型底部與蛋糕之間插入刀子快速劃一圈，使蛋糕完全脫模。

切開蛋糕盛在盤中，佐上一匙打發的鮮奶油，淋上黑糖蜜來享用。

一保堂茶鋪的焙茶。作成茶包的形式，省下測量的工夫及磨碎的麻煩，真是方便。以擀麵棍在茶包上輕輕地滾一滾，將茶葉壓得更細後再使用。

抹茶大理石戚風蛋糕

淡淡的淺草綠底色,搭配較濃的抹茶深綠色大理石花紋,感覺既像春天又似秋天的美麗抹茶蛋糕。在茶葉專賣店購買的抹茶,作出來的蛋糕更具風味。由於抹茶粉容易結塊,因此先用網眼較細的篩子過篩,抹茶粉會比較容易與麵糊融合,也較易溶於水。

前陣子我突然興起「好想烤出蓬鬆的海綿蛋糕!」的念頭,就是在當時邂逅了戚風蛋糕。大大的蛋糕卻有如此細膩的口感,真教人感動。當時心想,如果能在家裡烤出這樣的蛋糕該有多好,因此拚命地研讀蛋糕食譜,並到處探訪好吃的戚風蛋糕店。

第一次買的是20cm的模型。當時覺得,戚風蛋糕的美味之處就在於其蓬鬆的部分,因此一定要烤得大大的。現在已經不再那麼堅持了,也開始使用17cm的模型。不但份量上容易製作,也可以將整個蛋糕當做禮物贈與親友,感覺不會太過誇張。長期製作點心的過程中,漸漸放下「就是該這麼作」、「不這麼作不行」的堅持,漸漸開始接受其他作法的優點,思考模式也變得比較有彈性了。

材料（可直徑17cm戚風蛋糕模型1個份）

低筋麵粉　65g

抹茶粉　½小匙

泡打粉　½小匙

細砂糖　65g

蛋黃　2個

蛋白　3個份

水　50ml

沙拉油　35ml

鹽　1小撮

⌐ 抹茶　1小匙

⌐ 熱水　2小匙

前置準備

✚ 以份量中的水將抹茶粉事先溶解。

✚ 將低筋麵粉、抹茶、泡打粉及鹽混合後過篩。

✚ 烤箱預熱至160℃。

◎ 作法

1 在鋼盆裡放入蛋黃，以打蛋器打散，再加入一半份量的細砂糖攪拌成濃稠均勻狀。依序加入水及沙拉油（分別以慢慢少量加入的方式倒入）、粉類（以輕撒的方式加入），攪拌成柔滑狀。

2 在另一個鋼盆裡放入蛋白，一點一點慢慢地倒入剩餘的細砂糖，再以手持式電動攪拌器攪拌成有光澤又綿密的蛋白糖霜。

3 在步驟1的鋼盆裡放入1勺步驟2的蛋白糖霜，用打蛋器以畫圓的方式拌勻。剩餘的蛋白糖霜分2次加入，再以矽膠刮刀從盆底往上翻拌的方式大動作輕輕攪拌，再倒回原本裝蛋白糖霜的鋼盆，同樣以從盆底往上翻拌的方式大動作攪拌，耐心且快速地攪拌直至蛋白糖霜的白色紋路消失為止。攪拌好的麵糊會呈現有光澤又蓬鬆的狀態。

4 將抹茶茶湯灑在麵糊表面，以矽膠刮刀迅速攪拌1至2次，作出大理石的紋路。接著在模型（內側什麼都不塗）裡倒入麵糊，倒入時輕輕地搖晃讓麵糊落入模型中。放入160℃烤箱中烘烤約30分鐘。打開烤箱，拿竹籤刺入蛋糕中央，如果抽出來的竹籤上未沾附麵糊，就表示烤好了。將模型倒置，凸出的圓筒部分置於罐頭或較高的容器上，靜待蛋糕冷卻。

5 待完全冷卻後，在模型側面與蛋糕間插入刀子，刀刃沿著模型側邊快速劃一圈讓蛋糕與模型分離。接著在模型中央圓筒與蛋糕之間，以及在模型底部與蛋糕之間插入刀子快速劃一圈，使蛋糕完全脫模。

撒入抹茶湯，
以矽膠刮刀輕輕攪拌
作出大理石的紋路。
抹茶粉很容易結塊，
因此請使用網眼比較細的篩網事先過篩。
要將抹茶粉溶於熱水時，
使用有小型的打蛋器會更方便。

依據不同的製造商或品牌，
抹茶的色澤及風味也會截然不同。
請多試幾種容易買到的抹茶，
找出自己最喜愛的味道。
我都是使用京都一保堂茶鋪
所販賣的抹茶粉。

椰子肉桂大理石戚風蛋糕

Marble指的就是大理石。像大理石般的紋路就稱為大理石紋，是以2種以上顏色的麵糊所製作出來的。製作大理石花紋的方式不只一種，可以在鋼盆中輕輕混合2種顏色的麵糊，也可以在將麵糊倒入蛋糕模時，將2種顏色的麵糊混合後隨意倒入，或將不同顏色的麵糊依序倒入，再以長筷子攪拌一下作出大理石花紋，有好多種作法。除了混合不同顏色的麵糊之外，也可以將融化的巧克力等液體，倒入麵糊中作成大理石花紋。無論哪一種作法，如果攪拌過度就會使大理石花紋消失，因此，當你覺得好像攪拌得不夠時，就是該停手的時候了。特別是在鋼盆裡攪拌2種麵糊時，要考慮到之後倒入模型時相當於再攪拌了一次。

這款戚風蛋糕綜合了椰子的白色與熱帶香氣、肉桂的褐色及有個性的刺激香氣。放入口中時立即可以感受到椰子粉爽脆的口感，是一款很有趣的蛋糕。

每次都可以作出不同的大理石花紋，就像玩遊戲般。請帶著開心的心情來烤這個蛋糕吧！

材料（直徑17cm戚風蛋糕模型1個份）

低筋麵粉　60g

泡打粉　½小匙

細砂糖　65g

蛋黃　2個

蛋白　3個份

水　50ml

沙拉油　35ml

鹽　1小撮

細椰子粉　30g

┐肉桂　將近1小匙
│
┘熱水　2小匙

前置準備

+ 以份量中的水將肉桂事先溶解。

+ 將低筋麵粉、泡打粉及鹽混合後過篩。

+ 烤箱預熱至160℃。

◎ 作法

1 在鋼盆裡放入蛋黃，以打蛋器打散，再加入一半份量的細砂糖攪拌成濃稠均勻狀。依序加入水及沙拉油（各自以慢慢少量加入的方式倒入）、粉類（以輕撒的方式加入）、椰子粉，攪拌成柔滑狀。

2 在另一個鋼盆裡放入蛋白，一點一點慢慢地倒入剩餘的細砂糖，再以手持式電動攪拌器攪拌成有光澤又綿密的蛋白糖霜。

3 在步驟1的鋼盆裡放入1勺步驟2的蛋白糖霜，用打蛋器以畫圓的方式拌勻。剩餘的蛋白糖霜分2次加入，再以矽膠刮刀從盆底往上翻拌的方式大動作輕輕攪拌，然後再倒回原本裝蛋白糖霜的鋼盆，同樣以從盆底往上翻拌的方式大動作攪拌，耐心且快速地攪拌直至蛋白糖霜的白色紋路消失為止。攪拌好的麵糊是呈現有光澤又蓬鬆的狀態。

4 將¼份量的麵糊裝入另一個鋼盆，混入肉桂液作成肉桂蛋糕麵糊。

5 在模型（內側什麼都不塗）裡隨意地倒入椰子麵糊及肉桂麵糊，以竹籤或長筷子快速攪拌作出大理石的圖樣，放入160℃烤箱中烘烤約30分鐘。打開烤箱，拿竹籤刺入蛋糕中央，如果抽出來的竹籤上未沾附麵糊，就表示烤好了。將模型倒置，凸出的圓筒部分置於罐頭或較高的容器上，靜待蛋糕冷卻。

6 待完全冷卻後，在模型側面與蛋糕間插入刀子，刀刃沿著模型側邊快速劃一圈讓蛋糕與模型分離。接著在模型中央圓筒與蛋糕之間，以及在模型底部與蛋糕之間插入刀子快速劃一圈，使蛋糕完全脫模。

肉桂有著甜蜜又刺激的獨特香氣。
混合肉桂、小豆蔻及生薑作成綜合粉。
作印度「瑪莎拉茶」
（Masala Tea）時也是不可或缺的香料。

將椰子果肉乾燥後作成粉末
即為椰子粉。
本篇使用的是細椰子粉，
有著沙沙的口感，
是加工成細粉的椰子粉。

奶香戚風蛋糕

材料（直徑17cm的戚風蛋糕模型1個）
低筋麵粉　65g
泡打粉　½小匙
細砂糖　65g
蛋黃　3個
蛋白　3個份
無糖煉乳　50ml
沙拉油　35ml
鹽　1小撮
香草精　少許

前置準備
✦ 低筋麵粉、泡打粉及鹽混合後過篩。
✦ 烤箱預熱至160℃。

◎ 作法

1 在鋼盆裡放入蛋黃，以打蛋器打散，再加入一半份量的細砂糖攪拌成濃稠均勻狀。依序加入事先回溫到接近人體肌膚溫度的無糖煉乳以及沙拉油（各自以慢慢少量加入的方式倒入）、粉類（以輕撒的方式加入）、香草精，攪拌成柔滑狀。

2 在另一個鋼盆裡放入蛋白，一點一點慢慢地倒入剩餘的細砂糖，再以手持式電動攪拌器攪拌成有光澤又綿密的蛋白糖霜。

3 在步驟1的鋼盆裡放入1勺步驟2的蛋白糖霜，用打蛋器以畫圓的方式拌勻。剩餘的蛋白糖霜分2次加入，再以矽膠刮刀從盆底往上翻拌的方式大動作輕輕攪拌，然後再倒回原本裝蛋白糖霜的鋼盆，同樣以從盆底往上翻拌的方式大動作攪拌，耐心且快速地攪拌直至蛋白糖霜的白色紋路消失為止。攪拌好的麵糊是呈現有光澤又蓬鬆的狀態。

4 在模型（內側什麼都不塗）裡倒入麵糊，倒入時輕輕地搖晃讓麵糊落入模型中。放入160℃烤箱中烘烤約30分鐘。打開烤箱，拿竹籤刺入蛋糕中央，如果抽出來的竹籤上未沾附麵糊，就表示烤好了。將模型倒置，凸出的圓筒部分置於罐頭或較高的容器上，靜待蛋糕冷卻。

5 待完全冷卻後，在模型側面與蛋糕間插入刀子，刀刃沿著模型側邊快速劃一圈讓蛋糕與模型分離。接著在模型中央圓筒與蛋糕之間，以及在模型底部與蛋糕之間插入刀子快速劃一圈，使蛋糕完全脫模。

那麼，開始作蛋糕囉！

進行前置準備

先準備好蛋糕模型、鋼盆、打蛋器、矽膠刮刀等必須的工具。我的模型放在廚房較裡面的櫃子，工具類則是放在廚房裡較容易取用的櫃子中。

接著是材料。粉類及砂糖放在流理台上方的櫃子裡，要拿的時候得踮起腳、伸長手才拿得到。

將篩子放在塑膠製的輕巧盤子上，再整組置於秤上，秤量出所需用量的低筋麵粉。在這個階段也把泡打粉及鹽加入低筋麵粉中。

從冰箱取出3個蛋備用。

◎ 製作蛋黃麵糊

將蛋的蛋黃及蛋白分開，蛋黃放入較小的鋼盆中，蛋白則放入較大的鋼盆中。冰涼的蛋白比較容易製作成蛋白糖霜，因此先放回冰箱備用。

在製作蛋糕麵糊前，先將烤盤放入烤箱中，預熱至160℃。

將蛋黃以打蛋器打散。使用有把手的鋼盆會比較方便。

完全打散後加入一半份量的細砂糖。

以打蛋器仔細地攪拌均勻。攪拌至出現這樣的濃稠感為止。

以微波爐加熱無糖煉乳。如果手邊沒有無糖煉乳，也可以牛奶代替，作出來的奶香戚風味道會更加清爽。

少量慢慢地倒入事先回溫到接近肌膚溫度的蛋黃液後，攪拌均勻。

秤量所需用量的沙拉油。因蛋黃麵糊還不急著用，可以邊秤量邊加入。製作還不上手時，可以在一開始先將材料量好備用。

少量慢慢地倒入沙拉油，以滴入的感覺一邊倒一邊攪拌。

邊敲容器邊垂直地將粉類倒入篩子裡過篩。不要集中倒在某一點，而是平均地散在篩子上，這是順利過篩的訣竅。

用打蛋器以畫圓的方式充分地攪拌。

攪拌成柔滑狀就可以了。加入香草精攪拌勻，完成蛋黃麵糊。

⑤ 製作蛋白糖霜

打發蛋白我是使用美膳雅（Cuisinart）手持式電動攪拌器。因為馬力強勁，速度只要調2至3即可。少量慢慢地倒入細砂糖後打發。

攪拌成濃稠有光澤又綿密的狀態後，將手持式電動攪拌器的打蛋器部分取下，改成以手拿（也可以直接使用打蛋器）。

如果一直使用手持式電動攪拌器攪拌，泡沫會變得過粗，因此改成以手打發，調整泡沫的細緻度。

以矽膠刮刀從盆底往上翻拌，快速且細心地攪拌直至蛋白糖霜的白色紋路消失為止。動作必須俐落快速。

將蛋黃及蛋白糖霜拌勻，完成既蓬鬆又有光澤的麵糊。

⑥ 將麵糊倒入模型中烘烤

將麵糊倒入戚風蛋糕的模型裡。模型內側什麼都不用塗，直接倒入，就能烤得很漂亮了。

兩手緊握著模型邊緣及中央的圓筒，輕輕搖晃讓麵糊往下沉。

⑦ 脫模

倒置於蛋糕冷卻器上方進行冷卻。也可以墊在罐頭或較高的物體上。一直放置到完全冷卻為止。

首先，用手輕壓蛋糕邊緣，讓蛋糕與模型間出現間隙。

以戚風蛋糕刀或小抹刀、餐刀，從模型邊緣插入，沿著邊緣快速地劃一圈。

同樣的，也在圓筒的邊緣插入刀子劃一圈。

麵糊完成

待蛋白糖霜出現光澤，將打蛋器立起時，前端蛋白糖霜呈現微微下垂的狀態，就表示完成了。

在蛋黃糊裡加入1勺蛋白糖霜。

以打蛋器以畫圓的方式充分地攪拌均勻。在這個階段，即使泡沫有點消泡也不用介意。

加入一半份量的蛋白糖霜。以矽膠刮刀從盆底往上翻拌的方式大動作、輕輕攪拌。攪拌至白色紋路消失就可以了。

接著將蛋黃糊倒入剩餘蛋白糖霜的鋼盆中。使用有把手的鋼盆會比較方便。

插入竹籤，轉圈攪拌讓中央較大的泡沫消掉。這是為了預防「一切開烤好的蛋糕，發現中間有個大空洞」這樣的失敗發生。

將模型放入已充分預熱至160℃的烤箱中，烘烤約30分鐘。右手前方的是烤箱專用的溫度計。

將麵糊放入烤箱後可以先稍微喘口氣，開始清洗使用過後的工具。

此時要把蛋糕冷卻架拿出來。

 烤好囉

完成了，烤得很蓬鬆又漂亮。

將模型倒置，讓蛋糕脫模。

在模型底部與蛋糕之間插入刀子劃一圈。

再次將模型倒置，讓蛋糕底的部分也脫模。

將蛋糕放入較大的塑膠袋中避免蛋糕變乾，並置於常溫保存。也可以先切片後放入密閉容器中保存。

 另外還有

我愛用的鋼盆都在這裡。圖片上方有把手的是作戚風蛋糕時用的，右邊的那個是用來作餅乾及奶油蛋糕、左邊的鋼盆則是用來作以3個蛋作成的蛋糕卷。

關於材料 2

奶油／巧克力／香料 奶油是讓點心具有香氣的重要素材。
種類有很多種，請自行找出自己所喜愛的味道。

✦ 奶油

製作點心時所使用的是無鹽奶油。
若使用含鹽奶油，因為鹹味較重，
會使得烤出來的蛋糕甜味顯得太膩。
此外，如果是要製作原味磅蛋糕等以
展現素材風味為重點的簡單蛋糕，或
想要作出被大家稱讚的點心，這時都
可以使用發酵奶油（也是選擇無鹽
的）。四葉乳業的新鮮奶油與明治乳
業的發酵奶油都是我的最愛。

✦ 巧克力

製作點心所用的巧克力，不要使用
混合巧克力，請使用烘焙專用的巧
克力豆（披覆用巧克力，Chocolate-
Covered〔註〕）會比較適合。如果
手邊剛好沒有這種巧克力，則可以使
用市售可可成分較高的磚狀黑巧克
力。將巧克力融化之前可以先切碎，
讓巧克力更快溶化。

註：「披覆」為製作巧克力的專用名詞，
　　意即沾裹。

✦ 創造香味的材料

洋酒
右起分別為杏仁作成的杏仁香甜酒、
柳橙利口酒中特別香郁的香橙干邑甜
酒、甘蔗作成的蒸餾蘭姆酒。用來作
點心的洋酒大部分都屬於同一系統的
香味……請多試幾種，選出自己最愛
的味道。如果不想加太多酒，也可以
省略這項材料。下圖為咖啡風味的利
口酒KAHLÚA。可用於製作咖啡口味
的甜點、或搭配巧克力口味的甜點也
非常適合。

香草精
想要讓甜點具有香草風味時就需要這
個。有香草精及香草油兩種，像需要
烘烤的烤點心可以使用加熱後香味也
不易消失的香草油，冷的點心則可使
用香草精。不過圖片中的IL PLEUT
SUR LA SEINE香草精具有圓潤濃
厚的香草香味，也可以使用於烘烤點
心。

part
2

巧克力蛋糕與
贈禮用蛋糕

也許「情人節＝巧克力」已經成為既定的公式，

感覺巧克力就是該融成濃稠閃亮的模樣，

再懷抱溫暖細膩的心情作出甜蜜的點心送給喜歡的人。

雖然如此，將巧克力作成脆片，就能搖身一變成為休閒小點。

放入餅乾或馬芬蛋糕中，脆脆的口感也很棒。

巧克力真是種不可思議的東西呢！

在特別的日子裡會想要製作各種應景蛋糕，例如黑白雙色的裝飾蛋糕，

以及能輕鬆當作點心的泡芙蛋糕，

還有在午茶時間讓人好想烤一個來吃的維多利亞蛋糕，

全部在本篇一併介紹給您。

法式古典巧克力蛋糕

一般的烤蛋糕色澤不外乎是淡黃色、淡褐色或褐色，像焦糖般的焦褐色或巧克力的黑色蛋糕，

無論是味道或外觀都給人很扎實的感覺。選擇好幾種蛋糕當作禮物送人時，這種深色蛋糕讓整

體色彩有了重點，因此非常的受歡迎。雖然顏色上不那麼繽紛，但可以打上緞帶蝴蝶結、綁上

小紙卡、搭配包裝紙等等，為這份蛋糕小贈禮增添些許色彩喔！

雖然思考如何包裝出可愛的模樣也是一種樂趣，但最重要的當然還是烤出好吃的蛋糕囉，因此

我包裝蛋糕的方法，老實說就只有一種。雖然我有自己的一套包裝規則，但也只限於換一種綁

帶或換一種蝴蝶結而已。餅乾不能受潮所以要這樣包、不能碎掉所以要這樣包。奶油蛋糕不能

乾掉所以要這樣包、不能撞壞所以要這樣包⋯⋯大概就是這樣大致分類，但就算只有這樣，在

包裝時我還是莫名的慎重呢！

材料（直徑16cm的圓形模型1個）

) 烘焙用巧克力（低糖） 60g

) 無鹽奶油 40g

低筋麵粉 15g

可可粉 15g

細砂糖 60g

蛋黃 2個

蛋白 2個份

鮮奶油 2大匙

裝飾用糖粉 適量

前置準備

＋在模型裡鋪上烘焙紙，或塗上奶油後撒上麵粉（均為份量外）。

＋將低筋麵粉及可可粉混合後過篩。

＋將巧克力切碎。

＋烤箱預熱至160℃。

◎ 作法

1 在尺寸較小的鋼盆裡放入巧克力及奶油，在鋼盆底部以大約60℃的熱水隔水加熱將巧克力及奶油融化，或以微波爐融化也可以。加入鮮奶油攪拌均勻。

2 在另一個鋼盆裡放入蛋黃，再加入一半份量的細砂糖，攪拌成白色黏稠狀。加入步驟1後攪拌成柔滑狀，再倒入粉類仔細攪拌到完全融合在一起。

3 在另一個鋼盆裡放入蛋白，一點一點慢慢地倒入剩餘的細砂糖，攪拌成有光澤又綿密的蛋白糖霜。

4 在步驟2的鋼盆裡放入步驟3的蛋白糖霜，用打蛋器以畫圓的方式拌勻。倒入剩餘的蛋白糖霜，以矽膠刮刀從盆底往上翻拌的方式大動作輕輕攪拌，然後再倒回原本裝蛋白糖霜的鋼盆，再次以從盆底往上翻拌的方式大動作迅速攪拌均勻（注意不要留下蛋白糖霜的白色紋路）。

5 在模型裡倒入麵糊，放入160℃烤箱中烘烤約30分鐘。打開烤箱，拿竹籤刺入蛋糕中央，如果抽出來的竹籤上未沾附麵糊，就表示烤好了。待完全冷卻後脫模，並依據喜好撒上糖粉。冷卻後馬上吃也很美味。

即使是相同的製作流程，
只要使用的巧克力種類不同，
作出來的蛋糕也會給人完全不同的印象。
如果一直使用同樣的巧克力，
也會給人一成不變的感覺（苦笑）。
但基本上，使用烘焙專用的巧克力（披覆巧克力）是讓點心變好吃的捷徑。

蛋糕用的各種包裝材料，
我都是在家附近的
包裝材專門店裡購買。
有時候專賣烘焙材料行
也會賣這些包裝材料。
像「OPP袋」這種透明小袋子
（可用於包裝食品）、緞帶蝴蝶結
或天然材質的繩子、
包裝紙或英文報紙等等，
這些我都會在家裡準備一些。
隨性而作的點心蛋糕
也可以漂漂亮亮地分裝好，
送給他人分享。

小小巧克力蛋糕

在種類繁多的巧克力蛋糕之中，我最常作的就是這個小小巧克力蛋糕了。這個蛋糕並非綿密扎實的正統派巧克力蛋糕，而是口感較輕盈的鬆軟巧克力蛋糕，很受小朋友們歡迎。

原本是以法式古典巧克力蛋糕那樣大大的圓形模型來烘烤，而這個小小巧克力蛋糕就像是法式古典巧克力蛋糕的試吃版，雖然是同樣的麵糊，但烤得小一點，感覺就像濃縮了巧克力的美味，又可以嚐到另一種口味了，真是不可思議。這樣的「烤模魔法」實在太吸引我了，所以我對各種形狀的小型烤模總是很難抗拒。

在家招待客人時就烤一個大大的蛋糕，再分切片分享。這種蛋糕跟打發得蓬鬆柔軟的鮮奶油很搭，可以按照個人喜好隨意添加。當作伴手禮或小贈禮時，就烤得小小的。對了，像情人節這種以巧克力為主角的日子，就可以用10cm至12cm的圓形或心形模型來烤，當作情人節巧克力來送給喜歡的人。剩餘的麵糊可以放入馬芬模型或烤杯中烘烤，當作送朋友的友情巧克力（笑）。

材料（可作直徑7cm的馬芬蛋糕模型約14個）

烘焙用巧克力（低糖）　120g

無鹽奶油　100g

鮮奶油　50ml

低筋麵粉　50g

細砂糖　80g

蛋黃　2個

蛋白　3個份

前置準備

+ 在模型裡鋪上烘焙紙，或塗上奶油後撒上麵粉
　（均為份量外）。

+ 將低筋麵粉過篩。

+ 將巧克力切碎。

+ 烤箱預熱至160℃。

◎ 作法

1 在尺寸較小的鋼盆放入巧克力及奶油，在鋼盆底部
以大約60℃的熱水隔水加熱將巧克力及奶油融化。
或者用微波爐融化也可以。依序加入鮮奶油及蛋
黃、粉類後攪拌均勻。

2 在另一個鋼盆裡放入蛋白，一點一點慢慢地倒入剩
餘的細砂糖，攪拌成有光澤又綿密的蛋白糖霜。

3 在步驟1的鋼盆裡放入1勺蛋白糖霜，用打蛋器以
畫圓的方式拌勻。拌勻後倒入蛋白糖霜的鋼盆中，
以矽膠刮刀以大動作攪拌（注意巧克力麵糊中不要
留下蛋白糖霜的白色紋路）。

4 在模型裡倒入麵糊，把麵糊表面整平放入160℃烤
箱中烘烤約15至20分鐘。打開烤箱，拿竹籤刺入
蛋糕中央，如果抽出來的竹籤上未沾附麵糊，就表
示烤好了。脫模後將蛋糕放涼。

這個份量可以製作一個
直徑18cm的圓形蛋糕。
脫模後放涼，
或完全冷卻後撒上糖粉裝飾也很棒。
依據喜好分切成小塊，
旁邊擠上蓬鬆的打發鮮奶油一起享用，
就更好吃了。

軟心巧克力蛋糕

軟心巧克力蛋糕這個名詞，聽起來既成熟又很酷，我所作的軟心巧克力蛋糕，是以隔水烘烤的方式蒸烤出濕潤口感的蛋糕。給小孩吃的就以甜巧克力作，稱為「巧克力蒸蛋糕」，給大人吃的就用黑巧克力來作，稱為「軟心巧克力蛋糕」。因為是自己家作的蛋糕嘛，名字就隨自己高興來取囉！

這款蛋糕的重點在於觀察烘烤的狀態。在中央部分剛開始變熱時就把蛋糕從烤箱取出，便是最好吃的烘烤程度。留下些許融化般的濕潤口感，是最好的狀態。如果蛋糕中央還呈現流動狀態可不行喔！以竹籤刺入，麵糊在竹籤上若有似無，這種微妙的狀態是最棒的。雖然寫了這麼多，但如果烤到全熟了，應該也很好吃，所以也不需太過緊張。

剛烤好的綿密軟心巧克力蛋糕，可以放在冰箱裡保存，但在吃之前要先取出恢復到室溫，讓有點凝固的蛋糕回復成鬆軟的質地，以微波爐加熱幾秒也是一個好辦法。

材料（可作直徑16cm、深3cm的耐熱容器2個）

　烘焙用巧克力（低糖）　90g

　無鹽奶油　90g

　牛奶　50ml

低筋麵粉　15g

杏仁粉　30g

細砂糖　50g

蛋　2個

裝飾用糖粉　適量

前置準備

＋蛋回復至室溫。

＋在耐熱容器內側塗上薄薄的一層奶油（份量外）。

＋將低筋麵粉及杏仁粉混合後過篩。

＋將巧克力切碎。

＋烤箱預熱至180℃。

◎ 作法

1 在鋼盆裡放入巧克力及奶油、牛奶，在鋼盆底部以大約60℃的熱水隔水加熱將材料融化。或以微波爐融化也可以。

2 在另一個鋼盆裡放入蛋打散，倒入細砂糖，打發至變為白色濃稠狀。

3 在步驟2的鋼盆裡倒入融化的巧克力，以矽膠刮刀大動作混勻，再倒入粉類，大動作攪拌直至粉類完全融入材料為止。

4 在耐熱容器裡倒入麵糊，放到烤盤上再置入烤箱。在烤盤內注入熱水至容器的⅓高度，再以180℃烤箱中隔水烘烤約15至20分鐘。打開烤箱，拿竹籤刺入蛋糕中央，如果抽出來的竹籤上沾有少許麵糊就表示烤好了。放涼後撒上糖粉。

除了較淺的圓形耐熱容器以外，
只要是能放入烤箱的耐熱容器都可以使用。
焗烤盤也可以，烤杯也可以，甚至是咖啡杯都行。
使用像杯子這樣比較有深度的容器時，
因為麵糊比較厚的關係，
要將烘焙的時間延長，
並且邊烤邊用竹籤確認烘烤的狀況。

巧克力磅蛋糕

剛烤好當天吃起來質地非常輕盈，放了一天後口感變得較濕潤，更加美味，這就是巧克力磅蛋糕的魅力。本篇作的巧克力磅蛋糕什麼額外材料都不加，是最簡單的巧克力蛋糕，但是如果加入蘭姆酒漬葡萄乾，會更接近我自己喜歡的口味（笑）。

因為必須將巧克力融化後使用，因此不須切碎，如果是鈕釦形的巧克力豆則可直接使用。作起來的味道很好吃，製作也很方便。想作好吃的巧克力甜點時，最重要的是選擇好吃的巧克力。

請盡情嘗試各式各樣的巧克力，找出自己最喜歡的一種吧！

材料（18×8×6cm的磅蛋糕模型1個）
烘焙用巧克力（低糖）　80g
低筋麵粉　50g
泡打粉　¼小匙
杏仁粉　60g
無鹽奶油　80g
細砂糖　80g
蛋黃　2個
蛋白　2個份
白蘭地（或蘭姆酒）　1大匙

前置準備
＋奶油回復至室溫。
＋在模型裡鋪上烘焙紙，或塗上奶油後撒上麵粉
　（均為份量外）。
＋將低筋麵粉及杏仁粉混合後過篩。
＋將巧克力切碎。
＋烤箱預熱至160℃。

◎ 作法
1 在較小的鋼盆裡放入巧克力，鋼盆底部以大約60℃
　的熱水隔水加熱將巧克力融化。或以微波爐融化也
　可以。
2 在鋼盆裡放入軟化的奶油，以打蛋器攪拌成乳霜
　狀，倒入一半份量的細砂糖後充分攪拌成白色蓬鬆
　狀。
3 一個接一個的放入蛋黃後攪拌均勻，再倒入白蘭
　地、杏仁粉後充分攪拌均勻。
4 在另一個鋼盆裡放入蛋白，一點一點慢慢加入剩餘
　的細砂糖後打發成有光澤又綿密的蛋白糖霜。
5 在步驟3的鋼盆裡倒入已融化的巧克力後攪拌均
　勻，再加入1勺步驟4的蛋白糖霜，以打蛋器攪拌
　均勻。換拿矽膠刮刀，依序加入一半量的粉類→剩
　餘蛋白糖霜的一半→剩餘的粉類→剩餘的蛋白糖
　霜，以大動作攪拌混合均勻。
6 在模型裡倒入麵糊，將麵糊表面整平後，以160℃
　烤箱烘烤約40分鐘。打開烤箱，拿竹籤刺入蛋糕中
　央，如果抽出來的竹籤上未沾附麵糊，就表示烤好
　了。脫模後放涼即可。

我現在最愛用的是
比利時Callebaut烘焙用巧克力豆。
在製作巧克力甜點時大致都用這種巧克力，
不過有時候想轉換個心情，
也會改用Valrhona的巧克力。
巧克力本來就有各式各樣的種類，
依據製作的蛋糕或自己的心情，
可以挑選不同的巧克力來製作。

巧克力小蛋糕

我的朋友們經常送東西給我，總是送來好吃的食物或漂亮的東西，也會寫信或打電話捎來令人開心的話語。有時突然收到禮物，有時是迎接新季節的問候，時機總是抓得剛剛好。這種從遠方傳來的貼心，常讓我覺得「嗯嗯，真是太感謝了」。朋友一直這樣幫助我、支持我，老是接受朋友的好意，自己卻沒辦法回報，對這樣沒用的自己，總是時時刻刻深切反省。

如果自己沒有餘力，也沒辦法看見周遭的人需要什麼。與重要的人之間的關係也是如此，總是一直撒嬌，覺得即使什麼都不說對方也會了解。但其實應該不是這樣的。自己的心情一定要充分表達才行。自己的想法、感謝的心情、希望能不要帶給對方壓力，若無其事地傳達給對方。

在這樣的熱情尚未冷卻之前，開始烤起了蛋糕。將巧克力融化、打發、攪拌，正因為是這樣簡單的食譜，所以每一個步驟都要更仔細謹慎。小小的心形蛋糕滿懷感謝的心意，情意滿滿地送到重要的人手中。

材料（可作4.5×4cm的迷你心形模型24個）

烘焙用巧克力　50g

無鹽奶油　20g

細砂糖　15g

蛋白　1個

鮮奶油　2大匙

╲　杏仁粉　15g

╲　低筋麵粉　1小匙

╲　泡打粉　⅛小匙

╲　鹽　1小撮

前置準備

➕ 將巧克力切碎。

➕ 將杏仁粉、低筋麵粉及泡打粉混合後過篩。

➕ 在模型內塗上奶油後撒上麵粉（均為份量外）。

➕ 烤箱預熱至160℃。

◎ 作法

1 在較小的鋼盆裡放入巧克力及奶油、鮮奶油，鋼盆底部以大約60℃的熱水隔水加熱將材料融化。或者以微波爐融化也可以。

2 在另一個鋼盆裡放入蛋白，加入一次細砂糖後以手持式電動攪拌器打發成呈現流動狀態的濃稠蛋白糖霜（六至七分發）。倒入粉類後以矽膠刮刀大動作攪拌（注意別結塊），混合至出現光澤且柔滑的程度。再加入步驟1，將全部材料攪拌均勻。

3 在模型裡倒入麵糊，以160℃烤箱烘烤約12分鐘。脫模後放涼。

以「矽膠心形鐵盤」烤製的成品。

烤成小小的、一口就能吃掉的美味蛋糕，
同樣份量的麵糊也可以烤出直徑7cm
馬芬蛋糕模型約4個。
想轉換心情的時候可以換一種模型。
烘烤時間則改為以160℃烘烤20至25分鐘。
老是覺得「這種麵糊就要用這種模型」，
但若多嘗試用各種蛋糕模型去烤烤看，
反而會有許多不同的新發現。

起司可可馬芬蛋糕

使用跟蛋糕相近的馬芬蛋糕作法，加入奶油起司作出豐潤的口感。希望作出來的蛋糕口感更輕

盈，因此我將一部分的低筋麵粉換成了玉米粉。

每次吃到美味的食物時，腦海都會響起嗶嗶嗶的聲音，提醒自己試著重現這個味道。但要分毫不

差重現出相同的味道實在很不簡單，所以我將感受到的美味自行消化吸收後，作出各種同樣好吃

的甜點。記住好吃的口味，了解各種美味的種類，這對作出好的點心來說是非常重要的學習。

不只是甜點，料理也一樣。作料理其實就是在腦海裡描繪出好吃的印象，並將自己所想像的味道

化為實體的一項工程。邊作邊覺得「就是這個吧！」但又想「或許另一種作法比較好吃？」這樣

連續自問自答。在得到結論之前，跟生產的痛苦是很相近的吧……但這應該不是那麼讓人討厭的

事情。就算是很單調的作業，但只要作的人本身能樂在其中，就不會感到辛苦了。

就像我，並不是為了寫食譜而作蛋糕，而是烤出了自己想吃的蛋糕，再將食譜所需的數字填上。

我烤蛋糕、寫食譜，都是以這種方式進行的。

材料（可作9×5.5×3.5cm的迷你磅蛋糕模型約4個）

低筋麵粉　60g

玉米粉　20g

可可粉　20g

泡打粉　小匙

無鹽奶油　40g

奶油起司　40g

細砂糖　80g

蛋　1個

牛奶　3大匙

鹽　1小撮

前置準備

＋奶油、奶油起司及蛋回復至室溫。

＋將低筋麵粉、玉米粉、可可粉、泡打粉及鹽混合後
　過篩。

＋在模型內塗上奶油後撒上麵粉（均為份量外）。

＋烤箱預熱至170℃。

◎ 作法

1 在鋼盆裡放入軟化的奶油及奶油起司，以打蛋器攪
　拌成乳霜狀，再加入細砂糖後攪拌成白色蓬鬆狀。
　一點一點慢慢加入打散的蛋液，仔細攪拌均勻。

2 倒入一半的粉類，以矽膠刮刀大動作攪拌，攪拌至
　還有少許粉體殘留時倒入牛奶，再攪拌均勻。加入
　剩餘的粉類，攪拌成有光澤又柔滑的狀態。

3 在模型裡倒入麵糊，將麵糊表面整平後以170℃烤
　箱烘烤約25分鐘。取出後以竹籤刺入蛋糕，若竹籤
　上沒有沾附麵糊，表示烤好了。接著脫模後放涼。

Kiri的奶油起司，鹹味及酸味都很柔和，
起司本身也很柔軟，使用方便。
多試幾種，找出自己最喜歡的奶油起司吧！

另外，若使用21×8×6cm
的磅蛋糕模型，
按照此食譜的份量可作1個蛋糕，
以160℃烤箱烘烤約40分鐘即可。

雙重巧克力蛋糕

以融化的巧克力加上可可粉，完成了帶點苦味的黑巧克力奶油蛋糕。蛋糕裡加入巧克力片，更能充分感受巧克力的美味。不要作得太甜，再搭配打發的鮮奶油來享用。

除了巧克力片以外，我也曾因為好玩而加上新鮮水果、罐頭水果或水果乾。不管加什麼都能搭配的蛋糕讓人感覺很放心。我也喜歡加了蘭姆酒漬葡萄一起烤的版本，在烤好後的蛋糕表面刷上蘭姆酒，讓酒味滲入，這種帶點成熟風格的享用方式也很棒。

材料（可作18×8×6cm的磅蛋糕模型1個）

烘焙用巧克力（低糖）　60g

牛奶　1大匙

低筋麵粉　70g

可可粉　15g

泡打粉　⅓小匙

無鹽奶油　80g

細砂糖　80g

蛋　2個

巧克力片　50g

蘭姆酒　1大匙

前置準備

＋奶油及蛋回復至室溫。

＋在模型裡鋪上烘焙紙，或塗上奶油後撒上粉
　（均為份量外）。

＋將低筋麵粉、可可粉、泡打粉混合後過篩。

＋將巧克力切碎。

＋烤箱預熱至160℃。

◎ 作法

1 在較小的鋼盆裡放入巧克力及牛奶，鋼盆底部以大
　約60℃的熱水隔水加熱將材料融化成柔滑狀。或者
　以微波爐融化也可以。

2 在另一個鋼盆裡放入軟化的奶油，以打蛋器攪拌成
　乳霜狀，倒入細砂糖後充分攪拌成白色蓬鬆狀。加
　入步驟1後繼續攪拌，再少量慢慢倒入打散的蛋液
　後仔細攪拌均勻。

3 倒入粉類後以矽膠刮刀大動作攪拌均勻，當粉感剛
　剛消失時加入巧克力鈕釦及蘭姆酒，大動作並耐心
　地攪拌直至麵糊出現光澤。

4 在模型裡倒入麵糊，將麵糊表面整平後，以160℃
　烤箱烘烤約45分鐘。打開烤箱，拿竹籤刺入蛋糕中
　央，如果抽出來的竹籤上未沾附麵糊，就表示烤好
　了。脫模後放涼。

想要在蛋糕烤好後，
連同模型一起當作禮物送人時，
我會選用紙模或鋁製的蛋糕模、
便宜的陶製容器等。
最近木頭製的「PANI-MOULE」
也是我很常用的烤模。
除了在專賣烘焙材料、
烘焙工具及包裝材料的店裡購買之外，
在販售生活雜貨的店家裡
也經常能找到可愛的商品。
有些烤模會連同裡面鋪的烘焙紙一同販賣，
但用過一次後，只要再鋪上其他的烘焙紙，
就能重複使用囉。

比利時Callebaut烘焙用巧克力，
是我固定使用的材料。
因為自己的口味很保守，
所以我想這應該是大部分人
都會喜歡的口味。
作成鈕釦狀的巧克力容易融化，
也可以省下切碎巧克力的時間，
馬上就能融成柔滑的狀態以供使用。

市售的巧克力豆，
可以立刻使用，
不需太多事前準備，
是非常方便的商品。
不過如果將一般的巧克力切碎後
再使用也可以。
雖然切碎巧克力比較花時間。
但好處是可以選擇自己喜歡的
巧克力口味來製作。

濕潤口感巧克力蛋糕

加了蛋白糖霜、輕盈的巧克力蛋糕麵糊，以隔水烘烤的方式烤出濕潤又柔軟的蛋糕。使用稍苦的

黑巧克力與可可粉，馬上就能轉變為成熟大人風格的巧克力蛋糕。蛋白糖霜必須打得細緻柔軟，

但要記得留下濃稠的流動感。這就是作出柔滑又濕潤口感的關鍵。可以白蘭地或咖啡利口酒來取

代蘭姆酒。季節限定的大人口味巧克力「Rummy」讓我學到以蘭姆酒漬葡萄乾與巧克力奶油來

製造口感上的變化，加入蘭姆酒漬葡萄乾也很好吃喔。如果想要作成帶點和風的感覺，可以加入

蒸栗子或甜栗子。將栗子沉入小烤杯底下，倒入麵糊後再烘烤，既好吃又方便食用，看起來又可

愛，直接當禮物送人也很棒。

當然，也可用直徑16cm的普通圓形蛋糕模取代方形模型。烤箱的溫度與烘烤時間大致相同，但

仍可以視情況增減烘烤的溫度與時間。

材料（可作16×16cm的方形模型1個）

烘焙用巧克力（低糖）　65g

奶油　30g

細砂糖　50g

鮮奶油　60ml

蛋黃　2個

蛋白　2個份

低筋麵粉　10g

可可粉　10g

蘭姆酒（若有就加）　1大匙

前置準備

+ 奶油回復至室溫。
+ 將巧克力切碎。
+ 將低筋麵粉及可可粉混合後過篩。
+ 在模型裡鋪上烘焙紙。
+ 烤箱預熱至150℃。

◎ 作法

1 在鋼盆裡放入巧克力及奶油，置入微波爐或放入小鍋中，加熱到即將沸騰的熱度後，加入一次鮮奶油，以打蛋器輕輕攪拌溶解。

2 依序放入蛋黃（一個接一個放入）、蘭姆酒、粉類，攪拌成柔滑狀。

3 在另一個鋼盆裡放入蛋白，一點一點慢慢倒入細砂糖後，以打蛋器攪拌成濃稠狀，撈起後緩緩流下且能疊成緞帶狀的蛋白糖霜（六至七分發）。

4 在步驟2的鋼盆裡加入1勺步驟3的蛋白糖霜，以打蛋器以畫圓的方式攪拌均勻。剩餘的蛋白糖霜分兩次加入，再以矽膠刮刀大動作攪拌混合均勻。

5 在模型裡倒入麵糊，將麵糊表面整平後，將模型放上烤盤後置入烤箱。在烤盤裡注入約可淹至模型⅓高度的水。以150℃烤箱隔水烘烤約50分鐘（途中若熱水烤乾了就再加水）。打開烤箱，拿竹籤刺入蛋糕中央，如果抽出來的竹籤上未沾附麵糊，就表示烤好了。待完全冷卻後再脫模。

雖然聽起來很理所當然…
不過用好吃的巧克力來製作巧克力蛋糕，
當然就能作得更好吃。
使用朋友T送我的
「Jean paulhevin」巧克力
所作出來的巧克力蛋糕
真的非常的美味。

如果是要拿來當禮物的蛋糕，
以陶瓷烤杯或鋁製蛋糕模來烘烤，
不僅容易製作，送禮也大方。
這種時候烘烤的時間則改為，
陶瓷烤杯20分鐘，
較小的磅蛋糕模型約30分鐘。
這些較小的模型，
到烘焙材料店購買點心材料時
可以順便買一些。

白雪巧克力蛋糕

剛開始作蛋糕時，我買的第一本蛋糕食譜是小學館出版的MINI LADY系列《作出美味甜點》。這本小小的硬殼書，前幾頁是數張彩色的蛋糕完成圖，之後則全是插圖或文章，以及作法的說明。

較難的文字都以注音代替，很明顯是小學至中學生取向的食譜書，但卻很奇妙地放上了許多製作複雜的點心，現在重看還是覺得很有趣。因為太常打開餅乾那一頁，所以每次一打開書，書幾乎會自動翻到餅乾那頁。而泡芙那頁則沾了奶油的痕跡。同系列的蛋糕食譜還有一本名叫《作出世界各地的甜點》，這本的技術就更高難度了。有法國的國王派、德國的黑森林蛋糕、奧地利的蘋果卷等等各種蛋糕，對現在的我來說還是非常有趣，是本內容相當充實的點心食譜。好玩的料理、手工藝入門、少女漫畫入門等等，這個系列我應該還買了好幾本，但是現在還留在身邊的，只有和甜點相關的這兩本而已了。這也讓我深深感覺到自己跟甜點的緣分有多麼深遠。

材料（可作15cm的圓形蛋糕模型1個）

海綿蛋糕麵糊
- 低筋麵粉　60g
- 無鹽奶油　10g
- 細砂糖　65g
- 蛋　2個
- 牛奶　1大匙
- 蜂蜜　1小匙

糖漿
- 水　50ml
- 細砂糖　1大匙
- 喜歡的利口酒　½大匙

鮮奶油
- 鮮奶油　200ml
- 細砂糖　1大匙
- 喜歡的利口酒　1小匙

磚狀巧克力（白色）　1塊

前置準備
+ 蛋回復至室溫。
+ 以餅乾模將磚狀巧克力削碎後，放入冰箱備用。
+ 將低筋麵粉過篩。
+ 在模型裡鋪上烘焙紙。
+ 烤箱預熱至170℃。

◎ 作法

1 首先製作海綿蛋糕麵糊。在較小的鋼盆裡放入奶油、牛奶及蜂蜜，盆底以60℃熱水隔水加熱將材料融化。放入微波爐融化也可以。融化後繼續將鋼盆放在熱水上保持溫度。

2 在另一個鋼盆裡將蛋打散，倒入細砂糖後以打蛋器迅速混合。盆底以60℃熱水隔水加熱，再以手持式電動攪拌器（或打蛋器）打發。當打發的奶油達到肌膚溫度時，就將鋼盆從熱水上拿開，繼續打發成白色濃稠的狀態（撈起麵糊時會緩緩落下，可疊成緞帶狀並能稍微維持住形狀的程度）。接著將手持式電動攪拌器調為低速，調整麵糊的細緻度。

3 撒入粉類，以矽膠刮刀以從盆底往上翻拌的方式大動作反覆攪拌混合均勻。待粉粒消失後撈起一勺倒入步驟1的鋼盆中，充分攪拌均勻，再倒回原本的鋼盆中，再次以矽膠刮刀以從盆底往上翻拌的方式大動作攪拌（攪拌至蓬鬆細緻又有光澤的狀態就可以了）。

4 在模型裡倒入麵糊，以170℃烤箱烘烤約25分鐘。打開烤箱，拿竹籤刺入蛋糕中央，如果抽出來的竹籤上未沾附麵糊，就表示烤好了。脫模後連同烘焙紙放涼（放涼後用保鮮膜包起，或放入塑膠袋）。

5 接著製作糖漿。在小鍋裡放入水及細砂糖，煮沸讓細砂糖融化之後熄火，稍微放涼後混入利口酒。

6 製作奶油。在鋼盆裡放入鮮奶油、細砂糖及利口酒，打發至蓬鬆但不會呈現尖角的程度（七分發）。

7 接著作裝飾。海綿蛋糕完全冷卻後，將烘焙紙剝除，把蛋糕平切成4層，在第1層蛋糕表面以刷子刷上糖漿，再以抹刀於表面塗上奶油。接著在第2層蛋糕表面刷上糖漿，將有糖漿的一面與第1層重疊，上面再刷上糖漿、抹上奶油。重複這個動作，將4層蛋糕都疊在一起之後，以抹刀在整個蛋糕表面抹上剩餘的全部奶油，再撒上事先削好的巧克力屑。

裝飾用的輕飄飄木屑狀及捲捲屑狀巧克力。
將磚狀巧克力在室溫下放置到稍微變軟後，
以餅乾模型或湯匙、
刨絲器來刮磚狀巧克力表面，
就能作出這樣的裝飾用巧克力屑。
想把巧克力屑作得很漂亮！
但如果給自己太大的壓力反而不好，
先以把巧克力切碎的心情來作，放輕鬆吧！

封面插圖的設計及風格都很復古，
令人懷念的點心書，可以感覺到時間的流逝。
喜愛甜點的朋友到家裡來玩時，
只要把這個現給他們看
大家都會開心地大喊「好懷念喔～！」。

黑巧克力蛋糕

海綿蛋糕及奶油都使用了巧克力，造型簡約的裝飾蛋糕。海綿蛋糕的部分採用蛋黃與蛋白分別打

發的方式，能創造出特別輕盈的蛋糕口感。在奶油中加了牛奶提升清爽度，入口時不同於外表的

柔嫩口感會讓人很驚奇。

與前頁介紹的白雪巧克力蛋糕相同，為了留下發揮創意的空間，並未使用太過特別的材料。可以

藉由切開的片數、加上水果或堅果、在裝飾的手法上下功夫等，自由發揮創造出自己喜愛的口

味。可以在巧克力奶油中依照喜好加入烤過切碎的核桃後再烤，與白色海綿蛋糕組合也很對味，

請嘗試看看各種搭配方法！

材料（可作15cm的圓形蛋糕模型1個）
海綿蛋糕麵糊
　低筋麵粉　50g
　無鹽奶油　10g
　細砂糖　65g
　烘焙用巧克力（低糖）　15g
　蛋黃　2個
　蛋白　2個份
糖漿
　水　50ml
　細砂糖　1大匙
　白蘭地等喜歡的利口酒　½大匙
巧克力奶油
　鮮奶油　150ml
　烘焙用巧克力（低糖）　35g
　牛奶　2大匙
可可粉　適量

前置準備
✚ 烘焙用巧克力各自削碎。
✚ 將低筋麵粉過篩。
✚ 在模型裡鋪上烘焙紙。
✚ 烤箱預熱至170℃。

◎ 作法

1 首先製作海綿蛋糕麵糊。在較小的鋼盆裡放入奶油及巧克力，底下以60℃熱水隔水加熱將材料融化。放入微波爐融化也可以。融化後繼續將鋼盆放在熱水上保持溫度。

2 在另一個鋼盆裡將蛋黃打散，倒入一半份量的細砂糖後以打蛋器打發成白色濃稠狀。

3 在另一個鋼盆裡放入蛋白，一點一點慢慢倒入剩餘的細砂糖後，打發成有光澤又綿密的蛋白糖霜。挖1勺蛋白糖霜倒入步驟2，用打蛋器以畫圓的方式攪拌均勻後，再倒回原本裝蛋白糖霜的鋼盆，用矽膠刮刀以從盆底往上翻拌的方式大動作反覆攪拌混合均勻。

4 攪拌至蛋白糖霜的白色紋路消失之後，撒入粉類，以從盆底往上翻拌的方式大動作反覆攪拌混合均勻。待粉粒消失後撈起1勺倒入步驟1的鋼盆中，以矽膠刮刀以從盆底往上翻拌的方式大動作迅速並充分地攪拌均勻（整體充分攪拌均勻到看不見巧克力色的紋路即可）。

5 在模型裡倒入麵糊，以170℃烤箱烘烤約25分鐘。打開烤箱，拿竹籤刺入蛋糕中央，如果抽出來的竹籤上未沾附麵糊，就表示完成。脫模後連同烘焙紙放涼（放涼後以保鮮膜包起，或放入塑膠袋）。

6 接著製作糖漿。在小鍋中放入水及細砂糖，煮沸讓細砂糖融化之後熄火，稍微放涼後混入利口酒。

7 製作巧克力奶油。在較小的鋼盆裡放入巧克力及牛奶，隔水加熱或用微波爐將其融化後，倒入另一個鋼盆裡放涼。少量慢慢地倒入鮮奶油並一邊以打蛋器輕輕混合（要小心巧克力變硬），打發至蓬鬆但不會呈現尖角的程度（七分發）。

8 接著來作裝飾。海綿蛋糕完全冷卻後，將烘焙紙剝除，把蛋糕平切成3層，在第1層蛋糕表面用刷子刷上糖漿，再以抹刀在表面塗上奶油。接著在第2層蛋糕表面刷上糖漿，將有糖漿的一面與第1層重疊，上面再刷上糖漿、抹上奶油。重複這個動作，將3層蛋糕都疊在一起之後，用抹刀在整個蛋糕表面抹上剩餘的全部奶油，再撒上可可粉。

海綿蛋糕放置1天後，
質地會比較札實，
因此可以在作裝飾的前一天
先烤好海綿蛋糕。
本篇是將表面的焦色部分
切除掉來製作
其實不切除直接裝飾也可以。

裝飾時使用的奶油，嚴格來說，
中間夾層的奶油質地比較札實，
表面覆蓋的奶油則是打發成較柔軟的程度。
先將全部的奶油打發成較柔軟的狀態，
接著在同一個鋼盆裡留下約一半份量，
再繼續攪拌成稍硬的程度，
夾在蛋糕中間即可。

大泡芙蛋糕

把原本會作成像法式海綿小蛋糕般小小的泡芙蛋糕，烤成像這樣大大的，看起來也很好吃吧！因為自己喜歡大的蛋糕，就試著烤烤看，沒想到就這樣完成了這款既隨興又可愛的圓嘟嘟甜點。

不使用模型，作成大大的蛋糕，蛋黃必須仔細攪拌均勻，蛋白糖霜也必須充分打發。粉類則不可攪拌過度，視情況適度地攪拌即可。完成了不易滴落的麵糊後，就能烤出蓬鬆、像大泡芙或鄉村麵包般的海綿蛋糕了。

冷卻後馬上夾入奶油食用，能享受到剛烤好時的酥脆表面及蓬鬆的蛋糕口感。朋友聚會時可以一起從海綿蛋糕開始作起，開心地邊笑邊聊邊快樂地享用剛烤好的蛋糕。切開蛋糕時也可以不用刀子，以蛋糕鏟或大湯匙、叉子率性地切開，放到盤子上享用，也是另一番氣氛。夾上奶油在冰箱放置一天，表面會變得濕潤且產生金黃色澤，奶油也會和蛋糕融合，也是非常美味、令人難以割捨的吃法。兩種吃法我都喜歡，所以我在剛作好時會只吃一半，剩下的一半就留到隔天囉！

材料（可作18cm的圓形蛋糕1個）

海綿蛋糕麵糊
- 低筋麵粉　70g
- 糖粉　60g
- 蛋黃　2個
- 蛋白　3個份
- 牛奶　1大匙（不放也可以）

卡士達醬
- 蛋黃　1個
- 牛奶　80ml
- 細砂糖　25g
- 無鹽奶油　10g
- 玉米粉　1大匙
- 香草莢　¼根
- （或香草精少許）

鮮奶油　100ml
蘭姆酒漬葡萄乾（依據喜好加入）　1至2大匙
烘烤前灑的糖粉　適量

前置準備
+ 將低筋麵粉過篩。
+ 在烤盤裡鋪上烘焙紙。
+ 烤箱預熱至180℃。

◎ 作法

1 首先製作海綿蛋糕麵糊。在鋼盆裡打散蛋黃，再倒入一半份量的糖粉，打發至呈現白色濃稠狀。加入牛奶後快速攪拌均勻。

2 在另一個鋼盆裡放入蛋白，一點一點慢慢倒入剩餘的細砂糖後打發成有光澤又綿密的蛋白糖霜。挖1勺蛋白糖霜倒入步驟1的鋼盆裡，用打蛋器以畫圓的方式攪拌均勻後，再將剩餘的蛋白糖霜分兩次倒入，以矽膠刮刀大動作快速攪拌均勻。

3 撒入粉類後迅速攪拌，將麵糊以矽膠刮刀舀1大勺堆到烤盤上，堆成直徑約18cm的圓形。用篩網在表面撒上糖粉，以180℃烤箱烘烤約20至25分鐘，烤好後連同烘焙紙一起放到蛋糕冷卻器下讓蛋糕冷卻。

4 製作卡士達醬。在耐熱容器裡倒入細砂糖與玉米粉，以打蛋器攪拌，再倒入牛奶後攪拌至完全溶解，將香草莢縱切，取出香草籽，倒入一起攪拌。不需包覆保鮮膜，放入微波爐加熱約30秒至1分鐘，使其稍微沸騰後，取出並迅速攪拌避免結塊。加入奶油，利用其餘熱使奶油融化後，讓鋼盆底部浸泡冰水，邊攪拌邊使其完全冷卻。

5 將鮮奶油打發至有柔軟的尖角出現後（八分發），倒進步驟4裡並以矽膠刮刀迅速攪拌，再加入葡萄乾均勻。海綿蛋糕完全冷卻後橫切成兩半，夾入奶油後即完成。

泡芙蛋糕的麵糊不是從鋼盆緩緩倒在烤盤上，而是以矽膠刮刀舀一大勺堆到烤盤上的感覺。

除了葡萄乾，也可以在奶油裡混入草莓、香蕉等水果。如果使用罐頭水果，可選擇黃桃及白桃的綜合桃子罐頭。栗子奶油或栗子泥與鮮奶油混合再搭配蘭姆酒，可作成大人喜歡的口味。

維多利亞蛋糕

在英國流傳的傳統甜點之中，有一款名為維多利亞的蛋糕（或稱維多利亞夾心蛋糕）。正如其名，這款蛋糕是因維多利亞女王而誕生的。將奶油蛋糕橫切後夾入果醬，是一款非常簡單樸實的甜點。因為是出自喜愛紅茶的國家，因此這款蛋糕非常適合搭配茶品享用。烤好這款蛋糕後，自然就會有要好好泡杯茶一起享用的氣氛。

以正統的作法來說，這款蛋糕與奶油蛋糕的普遍作法「磅蛋糕」一樣，是以近乎等量的麵粉、砂糖、蛋、奶油這四種材料所作成的，但這對我來說有點太厚重了，因此保留了蛋糕橫切後夾入果醬的作法，而蛋糕部分我則製作成較輕盈的質地。雖然追求輕盈口感，但仍想保留麵粉與奶油的風味，最後就改成了這個配方。而且還夾了我最喜歡的鮮奶油。

蛋色的蛋糕、白色鮮奶油、再加上紅色果醬就成了非常可愛的配色，因此果醬我多半選擇草莓或覆盆莓果醬。因為莓果類的紅色太可愛了嘛！

材料（可作15cm的圓形蛋糕模型1個）

低筋麵粉　80g

泡打粉　⅛小匙

無鹽奶油　60g

細砂糖　60g

蛋　2個

牛奶　2大匙

鹽　1小撮

╲ 鮮奶油　60ml

╲ 喜歡的利口酒　½小匙

喜歡的果醬（草莓果醬等）、裝飾用糖粉　各適量

前置準備

╋ 蛋回復至室溫。

╋ 將低筋麵粉、泡打粉及鹽混合後過篩。

╋ 在模型裡鋪上烘焙紙，或塗上奶油後撒上麵粉
（均為份量外）。

╋ 在烤盤裡鋪上烘焙紙。

╋ 烤箱預熱至160℃。

◎ 作法

1 在耐熱容器裡放入奶油及牛奶，置入微波爐或隔水
加熱（底下接觸60℃的熱水）將材料融化。然後繼
續放在熱水中保溫。

2 在鋼盆裡放入蛋後，以手持式電動攪拌器將蛋打
散，加入細砂糖後迅速攪拌均勻。邊隔水加熱邊用
手持式電動攪拌器以高速打發，待蛋液接近肌膚溫
度時拿開保溫用的熱水，繼續打發成白色濃稠狀
（舀起麵糊後會緩慢落下，可疊成緞帶狀並能稍微
維持住形狀）。將手持式電動攪拌器調為低速，繼
續攪拌麵糊讓麵糊紋理均勻。

3 分2至3次加入 1 的奶油，以打蛋器從盆底往上翻拌
的方式大動作攪拌混合。撒入粉類後，再次以矽膠
刮刀以從盆底往上翻拌的方式大動作攪拌均勻。

4 將麵糊倒入模型，將麵糊表面整平後，以160℃烤
箱烘烤約40分鐘，打開烤箱，拿竹籤刺入蛋糕中
央，如果抽出來的竹籤上沒有沾附麵糊，就表示烤
好了。稍微冷卻後，脫模將蛋糕放涼。

5 在鋼盆裡放入鮮奶油及利口酒，打發至鮮奶油出現
柔軟的尖角為止（八分發）。蛋糕橫切半，在斷面
依序塗上果醬及鮮奶油，再疊上另外半片蛋糕。包
上保鮮膜先置入冰箱冷藏一會兒，再依喜好撒上糖
粉。

圖片左邊「高畠農場」所出品的
草莓果醬非常好吃，
且在我家附近的超市就能買到，非常好用。
右邊的是草莓＆覆盆莓的流動狀果醬。
這是在長野縣「花之果」這間店
買到的水果醬。

關於工具

我每天都像準備一天三餐般，以輕鬆的心情烘烤蛋糕。
可以省下的手續就盡可能省略！為了能輕鬆作出好吃的蛋糕，
依賴機械也是很重要的。左下的3項對我來說是缺一不可的重要工具。

✚ 有了這個絕對會很方便

食物調理機

只要一鍵就能輕鬆製作出各種點心麵糊，是很棒的一部機器。對我來說可是不可或缺的聰明好幫手。切蔬菜或作料理時也常常需要它，不過對我家來說，這部是作點心專用的。我愛用的是美膳雅（Cuisinart）的DLC-10PLUS，容量為1.9公升。

bamix

功能與食物調理機類似，但可以直接伸入杯子或鍋子中進行攪拌，非常方便。感覺就像是手的延伸。製作起司蛋糕麵糊時，只要用這個將材料全部攪拌在一起就可以了。更可以用來製作水果泥或打發鮮奶油。

手持式電動攪拌器

打發雞蛋時最需要用到這個。美膳雅（Cuisinart）的手持式攪拌棒雖然拿起來很重，但馬達非常有力，感覺是個值得信賴的好夥伴呢。想要製作蓬鬆又質地細緻的蛋白糖霜或麵糊時，拿它就對了。

✚ 擁有這個會更便利

粉篩／濾網

過篩粉類時使用。圖片前方的是大型杯子狀粉篩，可以握著把手刷刷地轉動來過篩。因為可以單手操作，對於需要邊過篩邊攪拌的作業特別方便。另外2種則是稱為「strainer」的萬用濾網，網眼比一般的篩子更細，也可以用來過篩麵糊。

刮板

塑膠製成的薄板狀物，用來切拌派類或塔類點心麵糰的奶油與粉類。可用來切開、攪拌、混合材料，使用範圍比想像中更廣泛。也可以用來將倒入模型或烤盤上的麵糊抹平。另外，用於收集散在砧板上的材料也非常方便。

壓派石

烤派類或塔類點心時，用來壓住麵糰避免烘烤時膨起。如果身邊沒有壓派石，則可使用過期不食用的紅豆或米來代替，先在麵糰上鋪上烘焙紙或鋁箔紙，上面再壓上紅豆或米即可。

塔 & 派

麵皮跟餡料分開製作、組合在一起、再放入烤箱烘烤好。

製作塔與派只需用一個鋼盆就能簡單完成！

雖然並不是所有塔&派都可以這樣作，

但塔與派卻是很有製作意義、作起來成就感很大的點心。

另一方面，想讓製作塔類點心變得更簡單些，我想到的就是碎塔食譜。

懶得仔細地鋪派皮，但是又想吃塔類點心時

推薦您試試看這份食譜喔！

新鮮水果派

很難製作出層次感的派皮麵糰，只要有食物調理機，瞬間就能作好，簡直是太神奇了！初次體驗到這種驚奇時的感動，我到現在都還忘不了。直至現在作派皮麵糰時，我還是一直非常感謝食物調理機的幫忙。

不只是派皮麵糰，餅乾麵糰或塔皮麵糰，還有司康、起司蛋糕的麵糊等等，可以說我的烘焙生涯若沒有食物調理機是不行的。派皮麵糰或塔皮麵糰可以冷凍保存，因此在作一塊派時我會一口氣把未來要作的幾塊麵糰一同作好。在烘焙的前一天從冷凍庫移到冷藏室，自然解凍後就能使用了。

酥酥脆脆的派皮麵糰，與卡士達醬＋新鮮水果的組合，就是這麼美味可口。透過製作水果派的過程，您也能盡情感受各種當季水果的季節感喔！

材料（可作直徑21cm的塔模1個）

派皮麵糰

- 低筋麵粉　120g
- 無鹽奶油　100g
- 冷水　50ml
- 鹽　1小撮以上

卡士達醬

- 蛋黃　2個
- 細砂糖　60g
- 玉米粉　15g
- 牛奶　200ml
- 蘭姆酒　1小匙
- 香草精　少許

鮮奶油　100ml

揉麵糰用的麵粉（盡量使用高筋麵粉）　適量

裝飾用的水果、薄荷葉、糖粉　各適量

前置準備

+ 奶油切成邊長1.5cm大小，放入冰箱備用。

◎ 作法

1 首先製作派皮麵糰。將低筋麵粉及鹽放入食物調理機，快速打一下讓粉類的結塊散開。

2 加入奶油，反覆操作開關鍵，讓奶油與麵粉快速攪拌一下後，倒入冷水。再次反覆操作開關鍵，待粉粒消失、麵糰成糰狀後取出麵糰。

3 將麵糰壓平後放入塑膠袋，或以保鮮膜包起，放入冰箱冷藏1小時以上。

4 在桌上撒些麵粉，取出麵糰後以擀麵棍將麵糰擀成3mm厚的圓片狀後，鋪在模型裡。以叉子在麵糰底部滿滿地刺出小孔，接著蓋上保鮮膜，放入冰箱冷藏30分鐘以上。烤箱先預熱至190℃。

5 在步驟4的麵糰上鋪上烘焙紙，再壓上重物（過期的豆子或壓派石），放入190℃烤箱烘烤約25分鐘，烤至上色。稍微放涼後脫模讓派皮冷卻。

6 接著製作卡士達醬。在鋼盆裡放入蛋黃後以打蛋器打散，加入細砂糖後仔細攪拌均勻，再加入玉米粉攪拌均勻。

7 將牛奶放入鍋中加熱，沸騰前熄火。接著一點一點慢慢倒入步驟6後混合均勻。用濾網濾過後再倒回鍋中，轉中火並不停地攪拌，煮到呈現濃稠狀為止。熄火後加入蘭姆酒及香草精，倒入鐵盤，在表面放入保鮮膜並等待冷卻。

8 將鮮奶油打發至濃稠狀（七分發）後與步驟7混合，倒入塔皮中並以湯匙背面抹平。裝飾上水果或薄荷葉，並依據喜好撒上糖粉。

如果要用✋手製作派皮麵糰

1 將已過篩的低筋麵粉及鹽放入鋼盆，再加入事先放入冰箱冷藏、切成邊長1.5cm大小的奶油。

2 用刮板（參考P.52）邊切開奶油邊混合麵粉，攪拌成乾爽的狀態。倒入冷水後大動作攪拌，待成形後放入冰箱。之後的作法與左方的步驟3之後相同。

將派或塔的麵糰冷凍起來，
當作冷凍庫中的常備品會很方便。
整成圓形的扁平狀，
用保鮮膜包起來放入冷凍庫。
要烤的前一天改放冷藏，
讓麵糰自然解凍，就能馬上使用。

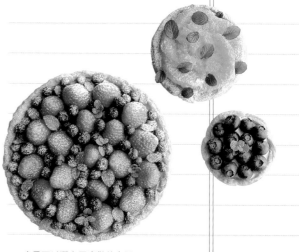

水果可以選自己喜歡的來用，
草莓＋藍莓的組合不錯，
藍莓加柳橙也非常美味。
21cm的塔模1個所用的麵糰，
如果用直徑10cm的模型可以烤5個、
直徑8cm的模型則可以烤9至10個水果塔。

核桃焦糖奶油塔

雖然聽起來是理所當然的事，但是在作焦糖口味甜點時，焦糖醬的好壞是關鍵。不管作了幾次

焦糖及焦糖醬，每當砂糖開始冒泡泡時我都會好興奮、對熄火的時間點也一直好緊張。

我總是將砂糖煮得黑黑的，讓它有點焦香味，不過本篇作的焦糖是直接食用也可以的，所以要

很小心避免煮焦。砂糖融化變成淡褐色、開始冒出些許煙時就熄火，加入鮮奶油。這樣口味溫

和的焦糖奶油，感覺就像焦糖抹醬一樣可以用在各種甜點上，非常方便。在冰箱可以放上兩個

星期沒問題，只要有一瓶在冰箱裡，每天都可以享受一點這樣的好滋味。

材料（可作5×8cm的塔模約7個）
塔皮麵糰（本次使用的份量為一半）

- 低筋麵粉　160g
- 杏仁粉　25g
- 無鹽奶油　100g
- 細砂糖　50g
- 蛋黃　1個

焦糖奶油

- 細砂糖　50g
- 水　1大匙
- 鮮奶油　150ml

核桃　80g
揉麵糰用的麵粉（盡量使用高筋麵粉）　適量

前置準備

+ 奶油切成邊長1.5cm大小，放入冰箱備用。
+ 將核桃稍微切塊，放入160℃烤箱烤10至15分鐘。

◎ 作法

1. 首先製作塔皮麵糰。將低筋麵粉、杏仁粉、細砂糖及鹽放入食物調理機，快速打一下讓粉類的結塊散開。

2. 加入奶油，反覆操作開關鍵，讓奶油與麵粉快速攪拌一下後，加入蛋黃。再次反覆操作開關鍵，待麵糰稍微呈現糰狀後取出麵糰。

3. 將麵糰分成2等分後壓平，放入塑膠袋，或以保鮮膜包起，放入冰箱冷藏1小時以上。本篇使用的麵糰是2等分的其中之一，另一份麵糰則冷凍保存。

4. 在桌上撒些麵粉，取出麵糰後以擀麵棍將麵糰擀成2至3mm厚的圓片狀後，鋪在模型裡。以叉子在麵糰底部滿滿地刺出小孔，接著蓋上保鮮膜，放入冰箱冷藏30分鐘以上。烤箱先預熱至180℃。

5. 在步驟4的麵糰上鋪上烘焙紙，再壓上重物（過期的豆子或壓派石），放入180℃烤箱烘烤約20分鐘，烤至上色。稍微放涼後脫模讓派皮冷卻。

6. 接著製作焦糖奶油。在小鍋裡放入細砂糖及水，轉中火將糖煮融化（先不要搖晃鍋子）。待鍋緣開始出現焦糖色，開始搖晃鍋子讓顏色均勻。出現淡淡的焦糖色後即熄火。加入事先以微波爐或小鍋加熱過的鮮奶油（要注意別煮沸），冷卻後倒入核桃快速攪拌。

7. 在塔皮上擠上奶油，放上核桃（份量外）裝飾。最後放入冰箱冷藏後享用。

如果要用👋手製作派皮麵糰

1. 將回復至室溫、已軟化的奶油放入鋼盆，以打蛋器攪拌成乳霜狀，再倒入細砂糖打發至變白。再加入蛋黃後仔細攪拌均勻。

2. 將已過篩的低筋麵粉、杏仁粉、鹽一次倒入，以矽膠刮刀快速攪拌直至粉粒消失。之後的作法與左方的步驟3之後相同。

苦味及口味都很溫和的焦糖奶油。
作成如焦糖醬的感覺，
塗在吐司上或澆在冰淇淋上吃都很好吃。

檸檬奶油塔

從初夏到盛夏的時期就會開始想作、想吃的的塔類點心，就是這個檸檬奶油塔了。有點酸酸甜甜的檸檬奶油非常清爽，在茶點時間搭配冰淇淋一同食用，即使是炎熱的夏天也能讓人心曠神怡。

京都的茶類專賣店La·Merangee所賣的「香橙紅茶」，是加了檸檬皮、充滿檸檬香氛的時髦紅茶。幾年前朋友K告訴我之後，我就一直想以它來作檸檬塔。La·Merangee所賣的特別版格雷伯爵茶也是我最喜歡的茶。將這款格雷伯爵茶作成冰紅茶來飲用，是我在夏天裡最期待的事。特別是加了牛奶跟蜂蜜之後，會變成沉穩亞麻色的「紅茶牛奶」。雖然我不喜歡京都悶熱的夏天，但只要有了冰冰涼涼的紅茶牛奶及好吃的蛋糕，就會升起一股「我要戰勝這個夏天！」的勇氣，我真是個貪吃鬼啊……

材料（可作直徑10cm的塔模約3個）
塔皮麵糰（本次使用的份量為一半）
　低筋麵粉　160g
　杏仁粉　25g
　無鹽奶油　100g
　細砂糖　50g
　蛋黃　1個
　鹽　1小撮
檸檬奶油
　蛋黃　1個
　細砂糖　40
　玉米粉　1大匙
　牛奶　80ml
　檸檬汁　2大匙
鮮奶油　100ml
揉麵糰用的麵粉（盡量使用高筋麵粉）　適量
裝飾用的糖粉、水果、薄荷葉　各適量

前置準備
＋奶油切成邊長1.5cm大小，放入冰箱備用。

◎ 作法
1 首先製作塔皮麵糰。將低筋麵粉、杏仁粉、細砂糖
　及鹽放入食物調理機，快速打一下讓粉類的結塊散
　開。

2 加入奶油，反覆操作開關鍵，讓奶油與麵粉快速攪
　拌一下後，加入蛋黃。再次反覆操作開關鍵，待麵
　糰稍微呈現糰狀後取出麵糰。

3 將麵糰分成2等分後壓平，放入塑膠袋，或以保鮮
　膜包起，放入冰箱冷藏1小時以上。本篇使用的麵
　糰是2等分的其中之一，另一份麵糰則冷凍保存。

4 在桌上撒些麵粉，取出麵糰後以擀麵棍將麵糰擀成
　2至3mm厚的圓片狀後，鋪在模型裡。以叉子在麵
　糰底部滿滿地刺出小孔，接著蓋上保鮮膜，放入冰
　箱冷藏30分鐘以上。烤箱先預熱至180℃。

5 在步驟4的麵糰上鋪上烘焙紙，再壓上重物（過期
　的豆子或壓派石），放入180℃烤箱烘烤約20分
　鐘，烤至上色。稍微放涼後脫模讓派皮冷卻。

6 接著製作檸檬奶油。在鋼盆裡放入蛋黃以打蛋器打
　散，加入細砂糖後仔細攪拌均勻，再加入玉米粉攪
　拌均勻。

7 將牛奶倒入鍋中加熱，沸騰前熄火。接著一點一點
　慢慢倒入步驟6後混合均勻。用濾網濾過後再倒回
　鍋中，轉中火並不停地攪拌，煮到出現光澤並呈現
　濃稠狀為止。熄火後加入檸檬汁。

8 將鮮奶油打發至濃稠（七分發）後與冷卻後的步驟
　7快速混勻，倒入塔皮中。依據喜好撒上糖粉、裝
　飾上水果或薄荷葉，放入冰箱冷藏後即可享用。

如果要用 ✋ 手製作派皮麵糰

1 將回復至室溫、已軟化的奶油放入鋼盆，以打蛋器
　攪拌成乳霜狀，再倒入細砂糖打發至變白。加入蛋
　黃後仔細攪拌均勻。

2 將已過篩的低筋麵粉、杏仁粉、鹽一次倒入，以矽
　膠刮刀快速攪拌直至粉粒消失。之後的作法與左方
　的步驟3之後相同。

淡奶茶是在冰紅茶裡加蜂蜜增添甜味。
先加入蜂蜜溶解後，倒入大量冰塊，
注入玻璃杯，再加入冰牛奶後即完成。

蘋果塔

一口咬下即酥脆化開的塔皮，填入放有水果的杏仁奶油一同烘焙，這是我秋冬時期最常作的點

心。因為我喜歡煮蘋果或烤蘋果，因此烘焙塔類點心時最常搭配使用的水果就是蘋果了。蘋果

最好使用較堅硬的品種，即使煮熟了還是不失口感。如果手邊的蘋果酸味甜味都不是很足夠，

可以切塊後灑上檸檬汁或砂糖，與杏仁奶油混合後再製作。

本篇是把生的蘋果直接放入烘烤，但也可以用焦糖煮過後作成焦糖蘋果塔。焦糖蘋果對秋冬時

的我來說可是必備食物呢！除了拿來作甜點蛋糕，也可以加入早餐的優格、煎餅或鬆餅裡，擠

上一點打發鮮奶油，就成為超簡單的甜點了。

材料（可作直徑18cm的塔模約1個）

塔皮麵糰（本次使用的份量為一半）

- 低筋麵粉　160g
- 杏仁粉　25g
- 無鹽奶油　100g
- 細砂糖　50g
- 蛋黃　1個
- 鹽　1小撮

杏仁奶油

- 杏仁粉　55g
- 無鹽奶油　55g
- 細砂糖　55g
- 蛋　1個
- 玉米粉　1大匙
- 杏仁香甜酒（若有就加）　1大匙

蘋果　1個

揉麵糰用的麵粉（盡量使用高筋麵粉）、裝飾用的糖粉各適量

前置準備

+ 奶油切成邊長1.5cm大小，放入冰箱備用。
+ 杏仁奶油用的奶油與蛋回復至室溫。

◎ 作法

1 首先製作塔皮麵糰。將低筋麵粉、杏仁粉、細砂糖及鹽放入食物調理機，快速打一下讓粉類的結塊散開。

2 加入奶油，反覆操作開關鍵，讓奶油與麵粉快速攪拌一下後，加入蛋黃。再次反覆操作開關鍵，待麵糰稍微呈現糰狀後取出麵糰。

3 將麵糰分成2等分後壓平，放入塑膠袋，或以保鮮膜包起，放入冰箱冷藏1小時以上。本篇使用的麵糰是2等分的其中之一，另一份麵糰則冷凍保存。

4 在桌上撒些麵粉，取出麵糰後以擀麵棍將麵糰擀成3mm厚的圓片狀後，鋪在模型裡。以叉子在麵糰底部滿滿地刺出小孔，接著蓋上保鮮膜，放入冰箱冷藏30分鐘以上。烤箱先預熱至180℃。

5 接著製作杏仁奶油。在鋼盆裡放入奶油，以打蛋器攪拌成乳霜狀，再加入細砂糖仔細攪拌均勻，接著一點一點慢慢倒入打散的蛋液，攪拌至完全融合。杏仁粉與玉米粉混合後，倒入杏仁香甜酒攪拌成柔滑狀。

6 蘋果去皮後切成小丁，倒入步驟5中再以矽膠刮刀混合均勻。

7 在步驟4的塔皮麵糰裡倒入步驟6的奶油，以湯匙背面將表面抹平，放入180℃的烤箱烘烤約45至50分鐘。稍微放涼後脫模，撒上糖粉。

如果要用🖐手製作派皮麵糰

1 將回復至室溫、已軟化的奶油放入鋼盆，以打蛋器攪拌成乳霜狀，再倒入細砂糖打發至變白。再加入蛋黃後仔細攪拌均勻。

2 將已過篩的低筋麵粉、杏仁粉、鹽一次倒入，以矽膠刮刀快速攪拌直至粉粒消失。之後的作法與左方的步驟3之後相同。

焦糖蘋果的材料為，
蘋果1個搭配1至2大匙砂糖。
在鍋子或有深度的平底鍋裡放入細砂糖，
製作成焦褐色的焦糖，
再放入切好塊的蘋果，
燉煮至水分幾乎消失為止。
如果希望焦糖蘋果吃起來更香醇，
可以加入少量的奶油一同燉煮。

洋梨塔

我總是會買好幾個洋梨罐頭放在家中備用,可以使用於許多點心。在耐熱容器裡倒入奶油蛋糕的麵糊及洋梨一同烘烤,或切成小塊捲進蛋糕卷中食用(與紅茶口味的蛋糕搭配非常美味!),也可以攪拌成果泥作成涼點⋯⋯。

但是製作這個洋梨塔,最適合用新鮮的洋梨。以還沒完全熟透的較堅硬洋梨來製作,即使烤熟了還是會有鮮脆多汁的口感,非常美味。我常在烤好的塔上撒些糖粉裝飾,但也可以在烘烤前先灑,讓糖粉烤出酥脆口感,又可以看到不同的甜點風貌了。

料（可作直徑18cm的塔模約1個）

塔皮麵糰（本次使用的份量為一半）

- 低筋麵粉　160g
- 杏仁粉　25g
- 無鹽奶油　100g
- 細砂糖　50g
- 蛋黃　1個
- 鹽　1小撮

杏仁奶油

- 杏仁粉　55g
- 無鹽奶油　55g
- 細砂糖　55g
- 蛋　1個
- 玉米粉　1大匙
- 杏仁香甜酒（若有就加）　1大匙

洋梨　1個

揉麵糰用的麵粉（盡量使用高筋麵粉）　適量

前置準備

+奶油切成邊長1.5cm大小，放入冰箱備用。

+杏仁奶油用的奶油與蛋回復至室溫。

◎ 作法

1 首先製作塔皮麵糰。將低筋麵粉、杏仁粉、細砂糖及鹽放入食物調理機，快速打一下讓粉類的結塊散開。

2 加入奶油，反覆操作開關鍵，讓麵粉與奶油快速攪拌一下後，加入蛋黃。再次反覆操作開關鍵，待麵糰稍微呈現糰狀後取出麵糰。

3 將麵糰分成2等分後壓平，放入塑膠袋，或以保鮮膜包起，放入冰箱冷藏1小時以上。本篇使用的麵糰是2等分的其中之一，另一份麵糰則冷凍保存。

4 在桌上撒些麵粉，取出麵糰後以擀麵棍將麵糰擀成3mm厚的圓片狀後，鋪在模型裡。以叉子在麵糰底部滿滿地刺出小孔，接著蓋上保鮮膜，放入冰箱冷藏30分鐘以上。烤箱先預熱至180℃。

5 接著製作杏仁奶油。在鋼盆裡放入奶油，以打蛋器攪拌成乳霜狀，再加入細砂糖仔細攪拌均勻，接著一點一點慢慢倒入打散的蛋液，攪拌至完全融合。杏仁粉與玉米粉混合後，倒入杏仁香甜酒攪拌成柔滑狀。

6 洋梨去皮後切成小丁，倒入步驟5中再以矽膠刮刀混合均勻。

7 在步驟4的塔皮麵糰裡倒入步驟6的奶油，以湯匙背面將表面抹平，放入180℃的烤箱烘烤約45至50分鐘。稍微放涼後脫模，撒上糖粉。

如果要用🤚手製作派皮麵糰

1 將回復至室溫、已軟化的奶油放入鋼盆，以打蛋器攪拌成乳霜狀，再倒入細砂糖打發至變白。加入蛋黃後仔細攪拌均勻。

2 將已過篩的低筋麵粉、杏仁粉、鹽一次倒入，以矽膠刮刀快速攪拌直至粉粒消失。之後的作法與左方的步驟3之後相同。

洋梨也有各式各樣的種類，
比較為人熟知的是法國洋梨。
作點心時選擇尚未熟透、
直接吃仍嫌稍硬的果實。
另外，糖煮洋梨也很好吃。
將洋梨切大塊後排放在鍋內，
加入足量的水，
再加入砂糖及檸檬汁燉煮，
接著直接放涼後即可享用。

乳酪塔

塔皮麵糰也有許多不同的作法，但在甜度較低的麵糰作法裡，我特別喜歡這款乳酪塔的麵糰。

感覺像是較接近酥脆派皮的塔皮。在乳酪麵糊裡加入優格作出清爽口感，與濕潤又較甜的塔皮

組合是絕配，但在夏天裡我比較喜歡這樣清爽的乳酪塔組合，因為我想這樣比較不會膩口。

吃這道乳酪塔時，我家一定會搭配某些果醬，一匙果醬就能讓整個蛋糕的口味大幅提升，真是

太神奇了，美味度可以會提升2至3倍。幾乎讓我想在食譜的最後加上一句「請以適量喜歡的果

醬搭配乳酪塔一同食用」了吧。

材料（可作直徑18cm的塔模約1個）

塔皮麵糰（本次使用的份量為一半）

- 低筋麵粉　180g
- 無鹽奶油　100g
- 細砂糖　1大匙
- 牛奶　1大匙
- 蛋黃　1個
- 鹽　1小撮

乳酪麵糊

- 奶油起司　150g
- 無糖優格　30g
- 無鹽奶油　20g
- 細砂糖　50g
- 蛋　1個
- 鮮奶油　50ml
- 低筋麵粉　1大匙
- 檸檬汁　1小匙
- 鹽　1小撮

揉麵糰用的麵粉（盡量使用高筋麵粉）　適量

前置準備

+ 塔皮用的奶油切成邊長1.5cm大小，放入冰箱備用。
+ 將乳酪麵糊用的奶油起司、奶油及蛋回復至室溫。

◎ 作法

1 首先製作塔皮麵糰。將低筋麵粉、細砂糖及鹽放入食物調理機，快速打一下讓粉類的結塊散開。

2 加入奶油，反覆操作開關鍵，讓奶油與麵粉快速攪拌一下後，加入牛奶與蛋黃。再次反覆操作開關鍵，待麵糰稍微呈現糰狀後取出麵糰。

3 將麵糰分成2等分後壓平，放入塑膠袋，或以保鮮膜包起，放入冰箱冷藏1小時以上。本篇使用的麵糰是2等分的其中之一，另一份麵糰則冷凍保存。

4 在桌上撒些麵粉，取出麵糰後以擀麵棍將麵糰擀成2至3mm厚的圓片狀後，鋪在模型裡。以叉子在麵糰底部滿滿地刺出小孔，接著蓋上保鮮膜，放入冰箱冷藏30分鐘以上。烤箱先預熱至190℃。

5 在麵糰上鋪上烘焙紙，再壓上重物（過期的豆子或壓派石），放入190℃烤箱烘烤約20分鐘。不脫模直接放涼。

6 烤箱預熱至170℃。接著製作乳酪麵糊。在鋼盆裡放入奶油起司、優格及奶油後，以打蛋器攪拌成柔軟的狀態，再加入細砂糖及鹽攪拌均勻。依序加入打散的蛋液→鮮奶油→檸檬汁→麵粉，之後再充分攪拌均勻。

7 以濾網將乳酪麵糊邊過濾邊倒入步驟5的塔皮裡，放入170℃的烤箱中烘烤約25分鐘。稍微放涼後連同模型放入冰箱充分冷卻。放置1天後味道會更融合，因此建議在要吃的前一天再烘烤這個乳酪塔。

如果要用✋手製作派皮麵糰

1 將回復至室溫、已軟化的奶油放入鋼盆，以打蛋器攪拌成乳霜狀，再倒入細砂糖打發至變白。加入牛奶及蛋黃後攪拌均勻。

2 將已過篩的低筋麵粉、鹽一次倒入，以矽膠刮刀快速攪拌直至粉粒消失。之後的作法與左方的步驟3之後相同。

作完後剩餘的奶油起司
可以塗在麵包上，
或作義大利麵醬。
撒上鹽後沾取橄欖油食用、
或搭配切成小段的蔥及柴魚片，
再淋上醬油，
是我家的固定吃法。

如果家裡有好幾種果醬，
吃吃看每種果醬的不同之處，
是很愉快的。
或將喜愛的水果切小塊，
拌上適量砂糖作成的新鮮果醬
也很好吃。
就像是沒煮過的果醬的感覺。

焦糖蘋果塔

朋友都知道我非常喜歡焦糖蘋果。將砂糖煮焦後作成焦糖,再搭配烤熟的蘋果,這兩種食材都是我喜歡的。將這兩者加在一起真是太無敵了。這樣寫感覺實在有點誇大其詞,但我真的就是那麼喜歡,所以也沒辦法呀。在使用了焦糖水果的甜點中,我最常作的就是焦糖蘋果,還有磅蛋糕、起司蛋糕、水果蛋糕、馬芬、蛋糕卷⋯⋯不勝枚舉啊!

我平時的作法是將蘋果切塊,與杏仁奶油混合一起下去烘烤,這樣作出來的蘋果塔外觀是否有點樸實。蘋果與奶油混在一起本身就非常美味,而且我覺得這樣樸實的外觀也挺可愛的。不過,偶爾我也會將放置甜點的餐桌裝飾得華麗一點,或將甜點本身作得漂亮些。

材料（可作直徑18cm的塔模1個）
塔皮麵糰（本次使用的份量為一半）

- 低筋麵粉　180g
- 無鹽奶油　100g
- 細砂糖　1大匙
- 牛奶　1大匙
- 蛋黃　1個
- 鹽　1小撮

焦糖蘋果

- 蘋果　1個
- 細砂糖　1至2大匙
- 水　1小匙

杏仁奶油

- 杏仁粉　55g
- 無鹽奶油　40g
- 細砂糖　55g
- 蛋　1個
- 鮮奶油　2大匙
- 玉米粉　1大匙

揉麵糰用的麵粉（盡量使用高筋麵粉）　適量
裝飾用糖粉　適量

前置準備

＋塔皮用的奶油切成邊長1.5cm大小，放入冰箱備用。
＋將杏仁奶油用的奶油及蛋回復至室溫。

◎ 作法

1 首先製作焦糖蘋果。先將蘋果去皮，除掉果芯後切成小塊。

2 將細砂糖及水放入有深度的平底鍋或鍋子中，轉中火將糖煮融化。煮時避免搖晃鍋子。待邊緣開始變色後，即開始搖晃平底鍋讓顏色均勻，待焦糖化為自己喜歡的顏色後加入蘋果，燉煮至水分幾乎收乾為止。直接放著冷卻。

3 接著製作塔皮麵糰。將低筋麵粉、細砂糖及鹽放入食物調理機，快速打一下讓粉類的結塊散開。

4 加入奶油，反覆操作開關鍵，讓奶油與麵粉快速攪拌一下後，加入牛奶與蛋黃。再次反覆操作開關鍵，待麵糰稍微呈現糰狀後取出麵糰。

5 將麵糰分成2等分後壓平，放入塑膠袋，或以保鮮膜包起，放入冰箱冷藏1小時以上。本篇使用的麵糰是2等分的其中之一，另一份麵糰則冷凍保存。

6 在桌上撒些麵粉，取出麵糰後以擀麵棍將麵糰擀成2至3mm厚的圓片狀後，鋪在模型裡。以叉子在麵糰底部滿滿地刺出小孔，接著蓋上保鮮膜，放入冰箱冷藏30分鐘以上。烤箱先預熱至180℃。

7 接著製作杏仁奶油。在鋼盆裡放入奶油，以打蛋器攪拌成乳霜狀，再加入細砂糖攪拌均勻，一點一點慢慢倒入打散的蛋液之後充分攪拌均勻（若感覺快要分離，則在此時加入一半份量的杏仁粉）。依序放入杏仁粉、玉米粉、鮮奶油後仔細攪拌，再加入步驟 2 的焦糖蘋果後迅速攪拌。

8 將奶油倒入步驟 6 的塔皮裡，放入180℃的烤箱中烘烤約45分鐘。完全冷卻後脫模，依據喜好撒上糖粉。

如果要用🖐️手製作塔皮麵糰

1 將回復至室溫、已軟化的奶油放入鋼盆，以打蛋器攪拌成乳霜狀，再倒入細砂糖打發至變白。加入牛奶及蛋黃後攪拌均勻。

2 將已過篩的低筋麵粉、鹽一次倒入，以矽膠刮刀快速攪拌直至粉粒消失。之後的作法與左方的步驟 5 之後相同。

雖然是很偶爾才會這樣……
有時會想要作作看這種重視外觀的點心。
蘋果連皮切成5mm厚的扇形，再以焦糖燉煮，
不跟奶油混在一起而是將蘋果在表面排成放射狀。
要作這樣的點心時，
焦糖蘋果的蘋果要用到2個，
細砂糖也要增量為3至4大匙。

無花果核桃塔

較甜的塔皮加上混有無花果的杏仁奶油，上面再撒上核桃及糖粉後烘烤。等量的杏仁粉、奶油、砂糖、蛋作出杏仁奶油。這時稍微增加杏仁粉的量，作成比較奢華的口味。配上打發的無糖鮮奶油，會非常美味，請務必要試試看喔！

以前曾有讀者問我「搭配蛋糕吃的鮮奶油，要等吃的時候才打發嗎？」對我來說那樣是很麻煩的，所以我都一次打發很多鮮奶油，分裝成小份放入冰箱冷凍起來，要用時再自然解凍就好。

但在這裡我要重新說明，其實我是喜歡每次現打的新鮮鮮奶油。雖然很麻煩，但想要吃到好吃的東西本來就是要付出勞力嘛（笑）。如果需要很多的量，我就會以電動攪拌器快速地打發，如果只要一人份，我會使用aerolatte。這是卡布奇諾的奶泡專用的迷你攪拌棒。因為會對馬達造成負擔，原本不該用於打鮮奶油，但我已經用了三至四年了，看它好像沒什麼問題，就決定繼續使用了。

材料（可作直徑18cm的塔模約1個）

塔皮麵糰（本次使用的份量為一半）

⎰ 低筋麵粉　180g
⎰ 無鹽奶油　80g
⎰ 糖粉　40g
⎰ 蛋　½個
⎰ 鹽　1小撮

杏仁奶油

⎰ 杏仁粉　65g
⎰ 無鹽奶油　50g
⎰ 細砂糖　50g
⎰ 蛋　1個
⎰ 玉米粉　½大匙

乾燥無花果　100g

蘭姆酒　1至2大匙

核桃　適量

揉麵糰用的麵粉（盡量使用高筋麵粉）　適量

烘烤前撒上的糖粉　適量

前置準備

＋塔皮用的奶油切成邊長1.5cm大小，放入冰箱備用。
＋將杏仁奶油用的奶油及蛋回復至室溫。
＋乾燥無花果切成喜愛的大小，浸泡在蘭姆酒中。

◎ 作法

1 首先製作塔皮麵糰。將低筋麵粉、糖粉及鹽放入食物調理機，攪打3秒讓粉類的結塊快速散開。加入奶油，反覆操作開關鍵，讓奶油與麵粉快速攪拌一下後，加入蛋。再次反覆操作開關鍵，待麵糰稍微呈現糰狀後取出麵糰。

2 將麵糰分成2等分後壓平，放入塑膠袋，或以保鮮膜包起，放入冰箱冷藏1小時以上。本篇使用的麵糰是2等分的其中之一，另一份麵糰則冷凍保存。

3 在桌上撒些麵粉，取出麵糰後以擀麵棍將麵糰擀成2至3mm厚的圓片狀後，鋪在模型裡。以叉子在麵糰底部滿滿地刺出小孔，接著蓋上保鮮膜，放入冰箱冷藏30分鐘以上。

4 烤箱先預熱至190℃。接著來製作杏仁奶油。在鋼盆裡放入已經軟化的奶油，以打蛋器攪拌成乳霜狀，再加入細砂糖仔細攪拌均勻，接著依序加入杏仁粉→打散的蛋液（一點一點慢慢倒入）→玉米粉，之後仔細攪拌均勻（也可用食物調理機依序攪拌）。接著倒入無花果，以矽膠刮刀大動作攪拌。

5 將步驟4的奶油倒入步驟3的塔皮裡，以湯匙背面將表面抹平。排放上核桃後撒上糖粉，放入180℃的烤箱中烘烤約45分鐘。稍微放涼後脫模冷卻。

如果要用 🤚 手製作派皮麵糰

1 將回復至室溫、已軟化的奶油放入鋼盆，以打蛋器攪拌成乳霜狀，再倒入糖粉及鹽後打發至白色蓬鬆狀。

2 加入蛋後攪拌，再加入一次已過篩的低筋麵粉，以矽膠刮刀大動作攪拌直至粉粒消失。

3 將麵糰整好型後放入冰箱。之後的作法與左方的步驟2之後相同。

無花果可以切成小丁，
也可以一整顆直接放入
擺在無花果核桃塔表面裝飾的核桃，
也可以切塊後與無花果
一起混入奶油中。

以食物調理機將麵糰攪拌成這樣的形狀，
就完成了塔皮的麵糰。
如果覺得很難成形，
可以先取出放入塑膠袋，
再以手從塑膠袋上按壓整形。

我家的「aerolatte」的工作
是以製作少量的鮮奶油為主，
但在作冰可可或
大麥嫩芽青汁時，
它也能派上用場喔！

番薯蘋果塔

在甜番薯般的內餡裡加入新鮮蘋果，以方形的塔模烘烤。我非常喜歡這個與圓形模型有著截然
不同俐落感覺的長方形塔模。蘋果則切成薄片，排放在表面即可。

蛋糕的模型其實並不需要每種都收集齊全。基本的有磅蛋糕模、圓形蛋糕模、塔模、馬芬模，
只要各擁有一個，就幾乎可以烤出所有類型的蛋糕。烤箱的烤盤有時也能發揮另一種功能，扮
演起烤模的角色呢！

但是小小的可愛烤模果然還是比較有魅力。以磅蛋糕模或圓形蛋糕模烤一個大奶油蛋糕雖然也
不錯，但用大大小小的心形模型、布丁模或花朵模型烤出的蛋糕，一拿出來就會被驚呼「哇！
好可愛！」讓人暗自感到開心，因此我覺得小的模型也很棒。對我來說，選模型、玩模型，是
烘焙蛋糕的樂趣之一。所以情不自禁就會買一堆模型。如果家裡有很寬敞的收納空間或大型收
納庫，工具或模型就能輕鬆收藏起來，但是小小的我家是不大可能的。我常為了收納的空間及
方法傷透腦筋。

材料（可作25X10cm可脫底的塔模1個）
塔皮麵糰（本次使用的份量為一半）
⟍ 低筋麵粉　180g
⟍ 無鹽奶油　80g
⟍ 糖粉　40g
⟍ 蛋　½個
⟍ 鹽　1小撮
番薯餡
⟍ 番薯　中型½條（實重100g）
⟍ 杏仁粉　20g
⟍ 無鹽奶油　30g
⟍ 玉米糖（或細砂糖）　30g
⟍ 蛋黃　1個
⟍ 鮮奶油　50ml
⟍ 蘭姆酒　½大匙
蘋果　約½個
揉麵糰用的麵粉（盡量使用高筋麵粉）　適量

前置準備
✛塔皮用的奶油切成邊長1.5cm大小，放入冰箱備用。
✛將番薯餡用的奶油回復至室溫。

〽 作法
1 首先製作塔皮麵糰。將低筋麵粉、糖粉及鹽放入食物調理機，攪打3秒讓粉類的結塊快速散開。加入奶油，反覆操作開關鍵，讓奶油與麵粉快速攪拌一下後，加入蛋。再次反覆操作開關鍵，待麵糰稍微呈現糰狀後取出麵糰。

2 將麵糰分成2等分後壓平，放入塑膠袋，或以保鮮膜包起，放入冰箱冷藏1小時以上。本篇使用的麵糰是2等分的其中之一，另一份麵糰則冷凍保存。

3 在桌上撒些麵粉，取出麵糰後以擀麵棍將麵糰擀成2至3mm厚的圓片狀後，鋪在模型裡。以叉子在麵糰底部滿滿地刺出小孔，接著蓋上保鮮膜，放入冰箱冷藏30分鐘以上。

4 烤箱先預熱至180℃。接著來製作番薯餡。番薯去皮後隨意切塊，泡過水後以微波爐或蒸鍋加熱至以竹籤可輕易穿過的軟度。趁熱放入鋼盆中以叉子搗成碎塊，加入奶油及玉米糖後以矽膠刮刀攪拌均勻。依序加入蛋黃→鮮奶油→杏仁粉→蘭姆酒，攪拌成柔滑的狀態（也可倒入食物調理機依序攪拌）。

5 將步驟4的番薯餡倒入步驟3的塔皮裡，以湯匙背面將表面抹平。排放上削皮後隨意切塊的蘋果，放入180℃的烤箱中烘烤約45分鐘。稍微放涼後脫模冷卻。

如果要用🖐手製作派皮麵糰
1 將回復至室溫、已軟化的奶油放入鋼盆，以打蛋器攪拌成乳霜狀，再倒入糖粉及鹽後打發至白色蓬鬆狀。

2 加入蛋後攪拌，再加入一次已過篩的低筋麵粉，以矽膠刮刀大動作攪拌直至粉粒消失。

3 將麵糰整好型後放入冰箱。之後的作法與左方的步驟2之後相同。

以叉子或竹籤在鋪入模型的麵糰表面刺上許多透氣用的孔。塔的底面要先平放好再進行烘烤。

如果手邊有食物調理機，只要將材料一項一項丟進去，迅速混合攪拌好就能輕鬆完成番薯餡。要製作杏仁奶油時也是一樣，只要利用食物調理機，材料不會分離，馬上就能作出具有柔滑口感的杏仁奶油。

我有好多小巧可愛的各種模型。雖然使用頻率不是那麼高，但作很多小點心時會感到很愉快。如果麵糊剩下一點點，也可以這種小模型來處理。

黑櫻桃派

扎實如布丁般的奶油餡包在派皮裡烤出來的甜點。今天我試著搭配黑櫻桃，融入酸奶油來製

作。在烘烤上色的同時奶油餡也會膨脹起來，但只要從烤箱取出後就會消掉了，所以不用擔心

喔。右頁的裝飾用的是糖果罐。只要是可愛或優雅的餅乾糖果罐子，我都會覺得總有一天會派

得上用場，就這樣一直留下來，等到自己發現時，已經堆得像山一樣了……這是種有點開心又

有點困擾、非常複雜的心情。不過，將它們當成各自有其用途的保存罐，讓生活更加多采多姿

也不錯，那麼就繼續收藏下去吧！

看了一眼我的房間，映入眼簾的是好幾個千鳥屋「TIRORIAN」的懷舊造型罐、放了花月的花

林糖的罐子、FAUCHON的紅茶罐、放了HEDIARD果醬的瓶子、配司康吃的英國德文郡濃厚

奶油瓶。我的房間收藏的都是這些甜點的小瓶子或文具，TIRORIAN的罐子裡面不知道為什

麼，還放了史努比圖案的瓶蓋！（笑）

材料（可作直徑18cm的塔模約1個）

派皮麵糰

- 低筋麵粉　60g
- 高筋麵粉　35g
- 無鹽奶油　75g
- 細砂糖　1小匙
- 冷水　2大匙
- 鹽　1小撮

奶油餡

- 酸奶油　30g
- 細砂糖　30g
- 蛋　1個
- 牛奶　50ml
- 鮮奶油　2大匙

黑櫻桃（罐頭）　20粒左右

揉麵糰用的麵粉（盡量使用高筋麵粉）　適量

烘烤前塗的蛋液　適量

前置準備

+ 奶油切成邊長1.5cm大小，放入冰箱備用。
+ 酸奶及蛋回復至室溫。
+ 將黑櫻桃放在餐巾紙吸乾水分。

◎ 作法

1 首先製作派皮麵糰。將低筋麵粉、高筋麵粉、細砂糖及鹽放入食物調理機，攪打3秒左右讓粉類的結塊散開。再加入奶油，反覆操作開關鍵，讓奶油與麵粉快速攪拌一下後，加入冷水。再次反覆操作開關鍵，待粉粒消失且麵糰開始呈現糰狀後，取出麵糰。

2 將麵糰壓平，放入塑膠袋，或以保鮮膜包起，放入冰箱冷藏1小時以上。

3 在桌上撒些麵粉，取出麵糰後以擀麵棍將麵糰擀成2至3mm厚的圓片狀後，鋪在模型裡。以叉子在麵糰底部滿滿地刺出小孔，接著蓋上保鮮膜，放入冰箱冷藏30分鐘以上。

4 烤箱先預熱至190℃。在麵糰上鋪上鋁箔紙，再壓上重物（過期的豆子或壓派石），放入190℃烤箱烘烤約20分鐘，呈現出淡淡的焦色。派皮底面以刷子薄薄的塗上一層蛋液，再次放入190℃烤箱烘烤1至2分鐘，將蛋液烤乾，連同模型一起放涼。

5 烤箱預熱至160℃。接著製作奶油餡。在鋼盆裡放入酸奶油，以打蛋器攪拌成柔軟的狀態，再依序加入細砂糖及蛋液（少量慢慢加入）後攪拌均勻。將牛奶及鮮奶油放入小鍋中煮到快沸騰前關火，再倒入奶油餡中混合均勻。

6 在步驟4的派皮裡放上黑櫻桃，慢慢倒入步驟5的

奶油餡，再放入160℃的烤箱中烘烤約25分鐘。稍微放涼後脫模，放入冰箱冷卻。

如果要用✋手製作派皮麵糰

1 在鋼盆裡放入已過篩的低筋麵粉、高筋麵粉、細砂糖及鹽，再放入事先切成邊長1.5cm大小並放入冰箱冷藏的奶油。以刮板邊切奶油邊混入粉類中，攪拌成乾爽的狀態。

2 倒入冷水後快速攪拌均勻（注意不要攪拌過度），麵糰大致成形後放入冰箱。之後的作法與左方的步驟2之後相同。

我很喜歡S&W的
「甜黑櫻桃」罐頭，
甜度及味道都是剛剛好。
除了烤蛋糕，
也可以用於作鮮奶油蛋糕
或作成黑櫻桃醬。

這些用來裝好吃點心的
可愛瓶罐們
真讓人捨不得丟。
不知不覺就越堆越多。
「不能再堆了」
希望我能成為有點原則、
至少能守住一條最後防線的人。

抹茶奶油派

但我常會給自己藉口「等一下還會再以到！」然後所有東西都沒有收好，直接放在外面。猛然發現時，四周已經亂七八糟了，這是我平時常有的狀況（←這可以當作我想改正的缺點前3名）。平常一點一點地整理好，突然有客人來也不會慌慌張張的，但是總覺得好像有懶懶熊在我耳邊輕聲地說：明天可以作的事就明天再作吧⋯⋯怎麼會有這種事嘛！不要把錯推到懶懶熊頭上喔！

東西別亂扔、改掉壞習慣、整理整頓。雖然我還有其他的目標（光講氣勢我是很足夠的），但我最放在心裡的就是這三點，某一年的新年我還當作新年目標。

這個抹茶奶油派，是以正月吃過年菜後的甜點為靈感所作出來的點心。雖然是小小的10cm圓形模型，但一個人吃光又有點太多了。2至3個人來分著吃我想是最剛好的。以小小的塔模來烤好，不需要花時間切片，客人來訪時可以依個人想吃的量挖來吃。

雖然在好幾個小型塔模裡鋪麵糰也需要很多時間，但這就不提了吧（笑）。

材料（可作直徑10cm的塔模約4個）

派皮麵糰

| 低筋麵粉　60g
| 高筋麵粉　35g
| 無鹽奶油　75g
| 細砂糖　1小匙
| 冷水　2大匙
| 鹽　1小撮

抹茶奶油

| 蛋黃　1個
| 牛奶　150ml
| 細砂糖　40g
| 無鹽奶油　20g
| 玉米粉　2大匙
| 抹茶　½大匙

鮮奶油　100ml

揉麵糰用的麵粉（盡量使用高筋麵粉）　適量

裝飾用的甘納豆、糖粉　各適量

前置準備

╋ 將派皮用的奶油切成邊長1.5cm大小，
　放入冰箱備用。

╋ 抹茶奶油用的奶油回復至室溫。

🌀 作法

1 首先製作派皮麵糰。將低筋麵粉、高筋麵
　糖及鹽放入食物調理機，攪打3秒左右讓粉類的結
　塊散開。再加入奶油，反覆操作開關鍵，讓奶油與
　麵粉快速攪拌一下後，加入冷水。再次反覆操作開
　關鍵，待粉粒消失且麵糰開始呈現糰狀後，取出麵
　糰。

2 將麵糰壓平，放入塑膠袋，或以保鮮膜包起，放入
　冰箱冷藏1小時以上。

3 在桌上撒些麵粉，取出麵糰後分成4等分，各自以
　擀麵棍將麵糰擀成2至3mm厚的圓片狀後，鋪在模
　型裡。以叉子在麵糰底部滿滿地刺出小孔，接著蓋
　上保鮮膜，放入冰箱冷藏30分鐘以上。

4 烤箱先預熱至190℃。在每片麵糰上鋪上鋁箔紙，
　再壓上重物（過期的豆子或壓派石），放入190℃
　烤箱烘烤約20分鐘，烤出金黃色澤。稍微放涼後脫
　模冷卻。

5 接著製作抹茶奶油。在耐熱鋼盆中放入細砂糖、玉
　米粉及抹茶，以打蛋器攪拌均勻，再倒入牛奶後仔
　細攪拌使其溶解。不覆蓋保鮮膜，放入微波爐加熱
　2至2分30秒。稍微沸騰後即取出，以打蛋器快速攪
　拌，並倒入蛋黃後持續攪拌。再次放入微波爐加熱
　1分鐘至1分30秒，稍微沸騰後取出，快速地攪拌至

完全無結塊為止。加入奶油，利用餘熱融化奶油，
接著將鋼盆放在冰水上，邊攪拌邊使其完全冷卻。

6 將鮮奶油打發至出現柔軟的尖角為止（八分發），
　倒入步驟5中在以矽膠刮刀迅速攪拌。

7 將6的奶油填入步驟4的派皮中，依照喜好撒上甘
　納豆及糖粉。

如果要用手製作派皮麵糰

1 在鋼盆裡放入已過篩的低筋麵粉、高筋麵粉、細砂
　糖及鹽，再放入事先切成邊長1.5cm大小並放入冰
　箱冷藏的奶油。以刮板邊切奶油邊混入粉類中，攪
　拌成乾爽的狀態。

2 倒入冷水後快速攪拌均勻（注意不要攪拌過度），
　麵糰大致成形後放入冰箱。之後的作法與左方的步
　驟2之後相同。

將卡士達醬與鮮奶油輕輕拌在一起，
就完成了抹茶風味的奶油。
加入卡士達醬中的抹茶份量，
如果要呈現出溫和的顏色，請照著食譜添加。
如果想要強調抹茶的味道，可再多加一些。

栗子奶酥塔

聽見音樂流瀉的瞬間、吃到美味食物的瞬間，感動會瞬間滲入心中，並且殘留在記憶中。音樂跟美食一樣，都有這樣的特點。當時聽到的一首曲子，療癒了心靈；一小片的巧克力，讓人想起了開心的笑容。每個人心中應該都有著這樣的小短詩吧。有些甜點就是這樣撫慰了人心。這是我從以前到現在一直不變、製作甜點的主題。

幾年前有段時期，我的精神與體力都到了一個極限，連5分鐘、10分鐘都無法放鬆。當時我去聽了某樂團的演唱會。他們的歌聲震撼了我的心，感受到那場表演的歡騰感，當演唱結束後，我身上的束縛也鬆綁了，被愉快的心情包圍著。那種急躁的心情已經消失，終於呼吸到新的空氣。當時我真心體會到轉換氣氛的重要性，對我來說，那是相當重要的一個演唱會之夜。

我以奶酥作了一個有如塔類點心般的甜點來轉換心情，跟自己喜歡的曲子一同享受悠閒的午茶時光吧！

材料（可作直徑15cm的可脫模圓形模型1個）

派皮麵糰

- 低筋麵粉　50g
- 無鹽奶油　40g
- 細砂糖　35g
- 核桃　40g
- 鹽　1小撮

杏仁奶油

- 杏仁粉　60g
- 無鹽奶油　40g
- 細砂糖　35g
- 蛋　1個
- 鮮奶油　2大匙
- 玉米粉　1大匙
- 蘭姆酒　½大匙

蒸過的栗子或糖煮栗子（市售品）　100g

前置準備

+ 將奶酥派皮用的奶油切成邊長1cm大小，
　放入冰箱備用。
+ 杏仁奶油用的奶油及蛋回復至室溫。
+ 如果方便建議將核桃先以150℃烤箱烘烤約6分鐘
　後，冷卻備用。
+ 將栗子切成喜歡的大小，放到廚房紙巾上吸乾水分。
+ 烤箱預熱至180℃。

◎ 作法

1 首先製作奶酥。將低筋麵粉、細砂糖、核桃及鹽放
　入食物調理機，攪打至核桃成為碎粒為止。再加入
　奶油，反覆操作開關鍵，待整體呈現碎粒狀即完
　成。取出一半份量，放入塑膠袋後置入冰箱冷藏。

2 在模型底部鋪滿剩餘的奶酥，再以湯匙背面將奶酥
　壓平壓緊，放入180℃烤箱中烘烤約15分鐘，烤出
　淡淡的焦色。連同模型一起放涼備用。

3 接著製作杏仁奶油。在鋼盆裡放入已軟化的奶油，
　以打蛋器攪拌成乳霜狀，再加入細砂糖仔細攪拌均
　勻，接著依序倒入杏仁粉→打散的蛋液（少量慢慢
　倒入）→鮮奶油→玉米粉→蘭姆酒，再仔細攪拌
　均勻（也可倒入食物調理機依序攪拌）。加入栗
　子，以矽膠刮刀大動作攪拌，並同時將烤箱預熱至
　180℃。

4 將步驟 3 的奶油倒入步驟 2 的模型中，以湯匙背
　面將表面抹平。灑上事先放入冰箱的奶酥，放入
　180℃烤箱烘烤25至30分鐘。稍微放涼後脫模冷
　卻。

如果要用 ✋手製作奶酥

1 在鋼盆裡放入低筋麵粉、細砂糖、切碎的核桃及
　鹽，用打蛋器以畫圓的方式攪拌。加入事先切成邊
　長1cm大小並放入冰箱冷藏的奶油，以指尖搓揉般
　的攪拌麵粉，直至呈現碎粒狀後即完成。

2 之後的作法與左方的步驟 2 之後相同。

自製作奶酥時，
可能會因奶油跟核桃的油脂而互相沾黏，
因此所有材料都需先放入冰箱冷藏，
之後的作業才能順利進行。
如果製作途中又相黏，
可以再次放入冰箱，
冷卻直至容易製作的狀態為止。

將作好的奶酥放入模型中，
在以湯匙背面或指尖
將奶酥用力壓緊，
表面則壓平。

本篇使用的是名為「Castanier」的
蒸栗子（圖片後方）。
使用糖煮栗子也可以作得很好吃，
但也可以選擇容易買到、
自己又覺得好吃的商品來製作。

鬆軟南瓜派

首先製作派皮麵糰,稍微醒麵後將派皮麵糰鋪在模型裡,送入烤箱烘烤。接著製作奶油餡,將奶油餡倒入派皮裡再去烘烤。製作的步驟比較多,也比較花費時間的塔類或派類點心,其實只要將塔皮派皮的麵糰事先作好,其他步驟就會輕鬆許多。因此可以一次多作些派皮塔皮麵糰,尚未用到的部分冷凍起來即可。只要有了食物調理機,這些看似繁雜的工作都能變得非常簡單。即使如此,還是覺得把麵糰擀平很麻煩嗎?那麼就用冷凍派皮吧!我所作的派皮麵糰並不是薄薄重疊好幾層的傳統「千層派皮」,而是製作上比較簡單的「酥脆派皮」。作起來比較簡單,又能享受到派皮的口感,我覺得在家裡作這種派皮就可以了。

蓬鬆又濕潤、入口即化的南瓜派,與南瓜奶油蛋糕或南瓜布丁並列為我最常作的點心。利用蛋白糖霜作出蓬鬆輕盈感的奶油餡部分,直接吃也很美味。因此可以只作奶油餡部分,再倒入小小的烤杯裡烘烤,就完成了可愛的南瓜舒芙蕾風甜點。剩餘的派皮放在冰箱裡冷凍,也可擀成薄薄的再以烤箱烤過,敲碎當作沙拉的配料也很棒。

材料（可作直徑21cm的塔模1個）

派皮麵糰

- 低筋麵粉　120g
- 無鹽奶油　100g
- 冷水　50ml
- 鹽　1小撮多一點

南瓜餡

- 南瓜　約⅛個（瓜肉100g）
- 細砂糖　20g
- 無鹽奶油　15g
- 牛奶　25ml
- 蛋黃　1個
- 蛋白　1個
- 玉米粉　1小匙
- 蘭姆酒　1小匙

揉麵糰用的麵粉（盡量使用高筋麵粉）　適量

裝飾用的糖粉、肉桂粉　各適量

前置準備

+ 將派皮用的奶油切成邊長1.5cm大小，放入冰箱備用。
+ 南瓜餡用的奶油回復至室溫。

◎ 作法

1 首先製作派皮麵糰。將低筋麵粉及鹽放入食物調理機，快速攪打一下讓粉類的結塊散開。

2 加入奶油，反覆操作開關鍵，讓奶油與麵粉快速攪拌一下後，加入冷水。再次反覆操作開關鍵，待粉粒消失且麵糰開始呈現糰狀後，取出麵糰。將麵糰壓平，放入塑膠袋，或以保鮮膜包起，放入冰箱冷藏1小時以上。

3 在桌上撒些麵粉，取出麵糰，以擀麵棍將麵糰擀成3mm厚的圓片狀後，鋪在模型裡。以叉子在麵糰底部滿滿地刺出小孔，接著蓋上保鮮膜，放入冰箱冷藏30分鐘以上。

4 烤箱先預熱至190℃。在麵糰上鋪上鋁箔紙，再壓上重物（過期的豆子或壓派石），放入190℃烤箱烘烤約25分鐘，烤出淡淡的焦色。不脫模直接放涼。

5 接著製作南瓜餡。南瓜隨意切塊，以微波爐加熱至用竹籤可輕易刺穿的軟度。去皮後秤量100g南瓜肉後放入鋼盆，以篩網之類的將南瓜肉過篩，趁熱依序加入奶油、牛奶、蛋黃、玉米粉及蘭姆酒，再以矽膠刮刀攪拌均勻（也可倒入食物調理機依序攪拌）。

6 在另一個鋼盆裡放入蛋白，一邊少量慢慢加入細砂糖一邊以打蛋器打發，打發成有光澤又綿密的蛋白糖霜。舀1勺蛋白糖霜倒入步驟 5 的南瓜餡裡，再以打蛋器以畫圓的方式攪拌過後，將南瓜餡倒回裝蛋白糖霜的鋼盆中，以矽膠刮刀大動作迅速攪拌。

7 烤箱預熱至170℃。將步驟 6 的南瓜餡倒入派皮，放入170℃烤箱中烘烤約25分鐘。當南瓜餡鼓鼓地膨脹起來並染上美味的焦色後即完成。稍微放涼後脫模，完全冷卻後，依照喜好撒上糖粉與肉桂粉。

如果要用✋手製作派皮麵糰

1 在鋼盆裡放入已過篩的低筋麵粉及鹽，再放入事先切成邊長1.5cm大小並放入冰箱冷藏的奶油。以刮板邊切奶油邊混入粉類中，攪拌成乾爽的狀態。

1 倒入冷水後快速攪拌均勻（注意不要攪拌過度），麵糰大致成形後放入冰箱。之後的作法與左方的步驟 3 之後相同。

將南瓜餡放入烤杯中，
以160℃烤箱烘烤15至20分鐘。
這個是普通的直接烘烤版本，
如果可以隔水烘烤，
能呈現出更濕潤入口即化的口感。

洋梨焦糖奶油塔

作成焦糖風味的洋梨，及使用焦香風味的奶油作成濃醇的奶油餡。這個濃郁的洋梨塔最適合搭

配泡得較濃的咖啡歐蕾或焙茶，紅茶則適合搭配使用香味較強又有個性的阿薩姆紅茶所泡出的

奶茶。

我家時常都備有各種水果罐頭。不分季節隨時都可以水果來製作甜點。在各種水果罐頭當中，

洋梨與杏桃罐頭是我一定要隨時有存貨的。其中，洋梨罐頭的使用率更是高居第一。可以拿來

烤奶油蛋糕、捲成蛋糕卷、攪拌成果泥作成慕斯等，洋梨的風味高雅又柔和，用途非常廣泛。

雖然我這麼常使用洋梨罐頭，但只要到了洋梨的季節，我還是會去買較堅硬還沒熟透的洋梨來

作糖煮洋梨，再作成蛋糕。擁有罐頭所沒有的水嫩感，讓人深深覺得親手作的還是不一樣啊。

是要品嘗季節感而自己親手作，還是要追求隨時可製作的便利性。可以審視一下自己心力及時

間，看是要花很多時間還是要稍微偷懶一下。在家作甜點時不要太勉強自己，輕鬆的進行是最

好的。

材料（可作直徑18cm的塔模1個）

塔皮麵糰（本次使用的份量為一半）

> 低筋麵粉　180g
> 無鹽奶油　100g
> 細砂糖　1大匙
> 牛奶　1大匙
> 蛋黃　1個
> 鹽　1小撮

焦糖煮洋梨

> 洋梨（罐頭）　切半的洋梨4塊
> 細砂糖　2大匙
> 水　1小匙

奶油餡

> 杏仁粉　25g
> 無鹽奶油　25g
> 細砂糖　30g
> 蛋　1個
> 牛奶　2大匙
> 香草精　少許

揉麵糰用的麵粉（盡量使用高筋麵粉）　適量

前置準備

+ 塔皮用的奶油切成邊長1.5cm大小，放入冰箱備用。
+ 將奶油餡用的蛋回復至室溫。
+ 杏仁粉先過篩。

◎ 作法

1 首先製作焦糖煮洋梨。將細砂糖及水放入有深度的平底鍋或鍋子中，轉中火將糖煮融化（煮時避免搖晃鍋子）。待糖漿開始轉為褐色後，即開始搖晃平底鍋讓顏色均勻，待焦糖化為自己喜歡的焦褐色後，加入切成塊狀的洋梨，燉煮至水分幾乎收乾，焦糖裹上洋梨為止。直接放著冷卻。

2 接著製作塔皮麵糰。將低筋麵粉、細砂糖及鹽放入食物調理機，快速打一下讓粉類的結塊散開。

3 加入奶油，反覆操作開關鍵，讓奶油與麵粉快速攪拌一下後，加入牛奶與蛋黃。再次反覆操作開關鍵，待麵糰稍微呈現糰狀後取出麵糰。將麵糰分成2等分後壓平，放入塑膠袋，或以保鮮膜包起，放入冰箱冷藏1小時以上（本篇使用的麵糰是2等分的其中之一，另一份麵糰則冷凍保存。）。

4 在桌上撒些麵粉，取出麵糰後以擀麵棍將麵糰擀成3mm厚的圓片狀後，鋪在模型裡。以叉子在麵糰底部滿滿地刺出小孔，接著蓋上保鮮膜，放入冰箱冷藏30分鐘以上。

5 烤箱先預熱至180℃。在每片麵糰上鋪上鋁箔紙，再壓上重物（過期的豆子或壓派石），放入180℃

烤箱烘烤約30分鐘，烤出淡淡的焦色。不脫模直接放涼。

6 接著製作奶油餡。在小鍋中放入奶油，轉中火邊搖晃鍋子邊讓奶油融化轉為焦褐色後熄火放涼。

7 在鋼盆中放入蛋後打散，加入細砂糖後以打蛋器攪拌，再加入步驟 6 的奶油後繼續攪拌。依序加入杏仁粉、牛奶及香草精，攪拌到呈現柔滑狀為止。

8 烤箱預熱至170℃。將步驟 1 的洋梨填滿塔皮，再倒入步驟 7 的奶油餡，以170℃烤箱烘烤約30分鐘。稍微放涼後脫模冷卻。

如果要用✋手製作塔皮麵糰

1 將回復至室溫、已軟化的奶油放入鋼盆，以打蛋器攪拌成乳霜狀，再倒入細砂糖打發至變白。再加入牛奶及蛋黃後攪拌均勻。

2 將已過篩的低筋麵粉、鹽一次倒入，以矽膠刮刀快速攪拌直至粉粒消失。將麵糰整好形狀後放入冰箱冷藏。之後的作法與左邊的步驟 4 之後相同。

當砂糖均勻地煮成了褐色，
轉化成焦糖時，放入切好的洋梨，
煮到水分幾乎收乾並快速攪拌，
讓洋梨充分裹上焦糖。

麵包作的點心

以麵包為基底作的點心，既容易作又好吃！
不只是為了用光剩餘的麵包，有時我還會為了作點心而特地去買麵包回來呢。
幾乎不需要食譜。不須計算份量就能作好，這麼輕鬆就能完成的甜點是不是讓人更開心呢？

✚ 巴黎脆餅（楓糖奶油）

將奶油、楓糖漿與天然鹽混合後，塗在切成薄片的法國麵包上，以150℃烤箱烘烤約15至20分鐘，就完成了有著甜蜜滋味的巴黎脆餅。有次收到這份禮物，被它的美味深深感動之後，我也開始嘗試著作這款餅乾。

✚ 沙瓦琳

將布利歐麵包浸滿糖漿，放入冰箱冰涼後製成的沙瓦琳（Savarin）。我喜歡用較濃的紅茶湯再加入利口酒來製作沙瓦琳的糖漿，作好後裝飾上滿滿的鮮奶油來享用。

✚ 巴黎脆餅（大蒜奶油）

將奶油、大蒜泥及天然鹽混合在一起，塗到切成細長形的法國麵包上，灑上黑胡椒與荷蘭芹後烘烤即可。棒狀的模樣容易食用，配上湯品來享用既時尚又美味。

✚ 杏仁奶油麵包

以布里歐（Brioche）麵包為基底，切片後浸泡在以水＋細砂糖煮沸後製成的糖漿中，再塗上作派時用的杏仁奶油，放上杏仁片後送入烤箱。如果在糖漿裡加入蘭姆酒，就能添加些微的成熟風味。

✚ 法式烤乳酪火腿三明治

麵包＋白醬＋火腿＋起司的組合，就是好吃的法式烤乳酪火腿三明治。今天要作的是只有一支叉子也能方便食用的三明治，因此將麵包及火腿切成一口大小疊放在耐熱容器中，以烤箱烤得焦香。

✚ 法國吐司

我對甜甜的法國吐司其實不是那麼喜歡。我家的法國吐司，都是作成正餐時也能食用的口味，味道不會太甜。將蛋、牛奶、鹽、胡椒、美奶滋混合，拿去浸泡切塊後的吐司後，再用平底鍋煎好。

part 4

以酵母作點心

覺得以酵母製作麵包或點心好像很困難，

主要是因為發酵時間太長的關係吧！

雖然我也是這麼想，但開始作了之後就覺得其實滿簡單的，

因為用了方便的乾燥酵母粉，

就連烤麵包都變成廚房裡習以為常的日常工作了。

以酵母發酵的點心，與使用泡打粉製作的點心擁有截然不同的風味，

想要了解更多一點、想要多作作看，

請以這種心情多方嘗試各種作法吧！

鬆餅

在街上吃到超美味的比利時鬆餅,以及在咖啡店享用到的美式鬆餅,讓我非常感動。「哇!如果能在家裡吃到這樣美味的鬆餅就太幸福了!」因為這股衝動,開始了我的鬆餅物語。

烤鬆餅一定要有的就是烤鬆餅機。買了會一直使用嗎?會不會一下子就膩了?雖我猶豫了很久很久,但最後還是買下去了。剛買的時候還舉辦了「現烤鬆餅同樂會」找來好友們烤了美式鬆餅來吃,自己一個人的時候,則烤了列日鬆餅,以保鮮袋裝起來,硬塞給朋友共享呢!

雖然現在沒有像當時那麼熱中,但我對鬆餅的熱情還是持續延燒著。現在我還是一直在追尋的好吃的鬆餅,想要創作出更多美味的鬆餅食譜呢!

材料（可作直徑8cm的鬆餅8個）

高筋麵粉　80g

低筋麵粉　60g

無鹽奶油　50g

紅糖（或細砂糖）　25g

蛋　1個

牛奶　2大匙

鮮奶油（或牛奶）　1大匙

乾燥酵母粉　½大匙

鹽　¼小匙

紅糖或珍珠糖（若有就加）　30g

前置準備

＋奶油及蛋回復至室溫。

◎ 作法

1 找個較小的耐熱容器，將牛奶及鮮奶油一同倒入，放入微波爐溫熱至接近肌膚的溫度。

2 混合高筋麵粉、低筋麵粉、紅糖及鹽後篩入鋼盆中，將乾燥酵母粉、步驟1的材料和打散的蛋液倒入，用刮板或矽膠刮刀攪拌至粉粒消失為止。用手仔細揉捏（放到桌面上會比較容易揉捏），當麵糰不再沾黏、開始成形後，再慢慢加入已事先軟化的奶油，繼續揉捏直到呈現出柔滑感為止。加入紅糖後揉捏均勻，再將麵糰揉成圓形。

3 將麵糰放入鋼盆，覆蓋上保鮮膜，放置在有日照的窗邊等溫暖處，讓麵糰進行首次發酵（膨脹到約2倍大就可以了）。

4 將麵糰切分為8等分，各自揉圓。排在鐵盤或烤盤上，並覆蓋上擰乾的薄濕毛巾，再放回溫暖的地方進行兩次發酵（膨脹到1.5至2倍大就可以了）。

5 加熱烤鬆餅機，薄薄的塗上一層融化的奶油或沙拉油（份量外），放上麵糰烤出酥脆感。

❋ 因為鬆餅麵糰油脂較多，比較容易沾黏，因此揉捏作業交給食物調理機或家庭用麵包機會比較方便。

❋ 如果是利用烤箱的發酵功能，首次發酵需要1小時至1小時30分鐘，二次發酵則需要約30至40分鐘。

烤鬆餅機，
使用前一定要充分預熱。

我使用的是Vitantonio公司出的
「烤鬆餅機」。
除了鬆餅烤盤外
也有熱三明治烤盤，
可以享受除了作鬆餅以外的
各種樂趣。

材料的低筋麵粉60g，
改成低筋麵粉40g＋可可粉20g，
就成了巧克力鬆餅的麵糰了。

甜甜圈

小時候，我的母親除了作家事及照顧小孩、幫忙父親店裡的生意、照顧奶奶，還在家裡四周及庭

院裡種了美麗的花朵與植栽，連庭院的工作都很認真在作。這樣每天忙碌的母親，為了我們小孩

子親手作的點心就是甜甜圈。

剛炸好的甜甜圈撒上砂糖，大家興高采烈地聚在一起享用。當時只天真地覺得甜甜圈真好吃，但

現在自己成了大人，有了家庭，也有了一個小孩，才深深感受到當時母親有多麼辛苦，又是多麼

的溫柔。母親小時候就過著很辛苦的日子，在我即將滿二十歲時，母親相繼遭遇了奶奶與父親過

世，即使如此還是靠著一己之力，扶養我們三個兄弟姊妹長大。

雖然我很愛面子，面對母親總是說不出感謝的話語，但還是想藉此對母親說，真對不起，我這麼

愛逞強，謝謝妳，媽媽，沒有妳就沒有現在的我。

材料（可作直徑8cm的甜甜圈6至8個）

高筋麵粉　150g

低筋麵粉　30g

無鹽奶油　15g

蛋　1個

牛奶　70ml

玉米糖（或細砂糖）　1大匙

脫脂奶粉　1大匙

乾燥酵母粉　½小匙多一點

鹽　¼小匙

揉麵糰用的麵粉（盡量使用高筋麵粉）　適量

甜甜圈沾取用砂糖、粉砂糖　適量

前置準備

✚ 奶油及蛋回復至室溫。

◎ 作法

1 在較小的鋼盆裡倒入牛奶，以微波爐加熱至接近人體肌膚的溫度。

2 混合高筋麵粉、低筋麵粉、玉米糖、脫脂奶粉及鹽後篩入鋼盆中，將乾燥酵母粉、步驟1的材料、打散的蛋液及已軟化的奶油倒入，以刮板或矽膠刮刀攪拌至粉粒消失為止。以手仔細揉捏（放到桌面上揉捏比較容易），當麵糰變得柔滑後，以手揉整成圓形。

3 將麵糰放入鋼盆，覆蓋上保鮮膜，放置在有日照的窗邊等溫暖處，讓麵糰進行首次發酵（膨脹到2倍大就可以了）。

4 在桌上撒些麵粉，取出麵糰，以擀麵棒將麵糰擀成1.5cm厚，用直徑6.5cm的甜甜圈模壓出甜甜圈的形狀。將甜甜圈排在鋪有烘焙紙的鐵盤或烤盤上，覆蓋上擰乾的薄濕毛巾，再放回溫暖的地方進行二次發酵（膨脹到1.5至2倍大就可以了）。

5 將炸油預熱至中溫（170℃），放入甜甜圈麵糰，不時地翻面，讓兩面都炸出酥脆感。撈起後放在附網子的鐵盤上將油瀝乾，稍微放涼後撒上砂糖。

✽ 如果是利用烤箱的發酵功能，首次發酵需要1小時至1小時30分鐘，二次發酵則需要約30至40分鐘。

包裝可愛，
LESAFFRE出品的速發乾酵母。
開封後必須牢牢密封起來，
再放入冰箱保存。

使用烤箱的發酵功能
雖然很方便，
但我通常是在房間裡
悠閒地等待麵糰發酵完成。
不同的季節裡，
等待發酵的時間
也有長有短。

如果沒有甜甜圈用的壓模，
可以拿一大一小的圓形模型，
或任何可以替換的東西來代替。
切成棒狀或四角形，
再作出圓形，
這樣作出來的麵糰也很不錯呀！

如果想作成棒狀的甜甜圈，
在作法的步驟4將麵糰擀平後，
以刀將麵糰切成喜歡的長度及厚度，
再進行二次發酵。

麵包司康

以食物調理機這種普通的工具來作麵包用的麵糰。聽了這種作麵包手法的人也許會很生氣吧？

但還是忍不住要介紹給讀者們。

應該有讀者發現，這個配方很接近我的司康食譜。一開始是單純想著，如果用乾燥酵母粉來製

作原本應該用泡打粉作的司康，不曉得會怎麼樣呢？幾乎沒有揉捏，只是單純發酵是作不出好

吃的麵糰的。因此我採取放在冰箱較長時間讓它慢慢醒麵的方法。這就是拜託時間幫我作麵糰

的意思吧。前一天先作好麵糰，接著就放在冰箱讓休眠一晚。隔天早上從冰箱取出後直接壓

模，進行二次發酵，待醒麵完成之後就送入烤箱。

比起揉捏的手法來作的麵糰，這樣作出來的麵糰我覺得咬勁很棒。如果覺得壓圓形模後會浪費

些許麵糰，可以刀切成方形。不過，還是覺得烤成膨脹起來圓嘟嘟的形狀比較可愛。

材料（可作直徑7cm的麵包司康約7個）

高筋麵粉　180g

無鹽奶油　50g

蛋　1個

⌉ 牛奶　70ml

⌋ 乾燥酵母粉　½小匙多一點

玉米糖（或細砂糖）　2大匙

脫脂奶粉　2大匙

鹽　¼小匙

揉麵糰用的麵粉（盡量使用高筋麵粉）　適量

前置準備

✛ 奶油切成邊長1.5cm大小，放入冰箱備用。

◎ 作法

1 找個較小的容器，倒入速發乾酵母，少量慢慢加入事先溫熱至接近肌膚溫度的牛奶後溶解。

2 將高筋麵粉、玉米糖、脫脂奶粉及鹽倒入食物調理機，迅速攪打3秒讓粉類的結塊消失。加入奶油後反覆操作開關鍵，攪拌成乾爽的狀態後，加入步驟1及打散的蛋液後輕輕將麵糰揉圓。

3 在桌上撒些麵粉，摺疊數次讓麵糰成塊狀，放入塑膠袋壓成約3cm厚，包緊後放入冰箱冷藏一晚。

4 在桌上灑些麵粉，取出麵糰後摺疊2至3次，以擀麵棒將麵糰擀成1.5至2cm厚度，再壓上直徑6cm的圓形模型。在鋪有烘焙紙的烤盤上，有間隔的排上麵糰，覆蓋上擰乾的濕薄毛巾，放置在有日照的窗邊等溫暖處使其發酵（冰冷的麵糰回復室溫，膨脹至1.5至2倍就可以了）。如果是利用烤箱的發酵功能，則設定45分鐘至1小時左右。

5 烤箱預熱至180℃。拿掉毛巾後放入烤箱以180℃烘烤12分鐘。

如果要以🖐 手製作麵糰

1 在較小的容器裡放入速發乾酵母，少量慢慢倒入事先溫熱至接近肌膚溫度的牛奶後溶解。

2 將高筋麵粉、玉米糖、脫脂奶粉及鹽過篩後倒入鋼盆，再加入切成邊長1.5cm大小、事先放入冰箱冷藏的奶油，以刮板或矽膠刮刀邊切邊混合麵粉，待麵粉呈現用指尖搓揉出來般的碎粒狀後，再加入步驟1及打散的蛋液，迅速將麵糰揉成形。

3 之後的作法與上方食物調理機版的步驟3之後相同。

將麵糰用塑膠袋包緊後放入冰箱。
發酵時間大約是8至12個小時。
雖然發酵時間對麵糰多少有影響，
但悠悠哉哉、慢慢地作也無所謂，
不用對時間太緊張喔！

可以覆上擰乾的濕毛巾，
或以塑膠袋包緊，
一邊防止麵糰乾掉，一邊進行二次發酵，
讓麵糰更蓬鬆。

我喜歡在麵包司康
塗上果醬，
或沾Boursin的奶油起司
來享用。

綜合水果布里歐修蛋糕

在加入了大量奶油的蛋糕麵糊裡，撒入閃閃發亮的水果乾，作成像水果蛋糕般的麵包甜點。因為是蛋黃使用量較多的柔軟蛋糕類型，因此是布利歐麵包（Brioche）風格。以咕咕洛夫模型也能烤得很漂亮。可以享受到作水果蛋糕的樂趣，吃起來又比奶油蛋糕多了一份清爽的感覺。另外，若將食譜的份量改為蛋黃1個及牛奶100ml，吃起來則會是更清爽的豐潤質地。可依照心情與喜好來變換不同配方喔！

說到酵母與水果乾的搭配，就想到德國的「酒漬水果蛋糕」與義大利的「聖誕水果蛋糕」。酒漬水果蛋糕是以純白色嬰兒包巾將耶穌包裹起來的印象來製作的一款甜點。聖誕水果蛋糕則是一位不曉得叫作東尼還是托尼的麵包師傅創作出來的麵包。雖然有各種不同的傳說，但我寧願相信，這是為了送給墜入愛河的女性而烤的蛋糕這個故事版本。

無論是「聖誕木材蛋糕」也好，「翻轉蘋果塔」也罷，這些經典甜點麵包的名稱由來，都有很多不同的版本或故事、含意。每次在製作或享用這些充滿歷史的甜點時，一邊想起這些故事，就會越來越喜歡這些甜點。

材料（可作直徑18cm的圓圈模1個）

高筋麵粉　130g

無鹽奶油　50g

蛋黃　2個

牛奶　80ml

乾燥酵母粉　½小匙多一點

細砂糖　2大匙

蜂蜜　½小匙

鹽　¼小匙

香草精　少許

綜合水果　100g

前置準備

✦ 奶油及蛋黃回復至室溫。

✦ 在模型內塗上奶油再撒上麵粉（均為份量外）。

◎ 作法

1 找個較小的耐熱容器，倒入速發乾酵母，少量慢慢加入事先溫熱至接近肌膚溫度的牛奶後溶解。

2 將已軟化的奶油、細砂糖及鹽倒入鋼盆中，以打蛋器攪拌均勻。依序加入蛋黃與蜂蜜→一半份量的高筋麵粉→步驟1材料→剩餘的高筋麵粉，以畫圓的感覺攪拌均勻（若覺得打蛋器打起來太重，可以改用矽膠刮刀）。

3 加入香草精及綜合水果，以矽膠刮刀全部拌勻。將沾到鋼盆邊緣的麵糊鏟乾淨，覆上保鮮膜後在室溫下放置約3小時，進行首次發酵。（麵糰膨脹至2倍大就可以了）。

4 將麵糊倒入模型，輕輕覆上保鮮膜，放置在有日照的窗邊等溫暖處進行二次發酵（麵糰膨脹至1.5至2倍就可以了）。如果是利用烤箱的發酵功能，則時間約為30至45分鐘。

5 烤箱預熱至180℃。拿下保鮮膜後放置於烤盤上，放入烤箱以180℃烘烤約25分鐘。

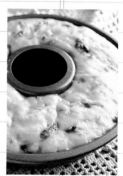

麵糰膨脹至模型邊緣下方一點點，就是二次發酵完成了。為了在正確的時間點將麵糰送入烤箱，請計算好時間，並先將烤箱預熱好。

我喜歡使用口感較濕潤的綜合水果。這是UMEHARA的綜合水果，內容物包括橘皮、葡萄乾、櫻桃、蘋果及鳳梨。

關於烤模

這裡介紹的都是本書中所使用的烤模，但是請不要認為「沒有這個模型就沒辦法作蛋糕了！」
試著用另一種模型作也是很有趣的。
首先，最建議先購買的是磅蛋糕模、圓形蛋糕模及塔模。有了這3個模型，大部分的糕點都能烤得出來。

磅蛋糕模
說到磅蛋糕，最好用的還是這個模型。我除了用它作奶油蛋糕，也會用馬芬蛋糕麵糰來烤出大大的馬芬蛋糕，或拿來烤較硬的布丁。

圓形模型
我最常使用的是10、12、16cm的可脫底模型。最近熱中的是用10cm模型烤的迷你奶油蛋糕。用玻璃紙包裝起來再打個緞帶，就成了簡單又可愛的禮物。

方形烤模
正方形的模型。可以用這個來烘烤形狀較扁的磅蛋糕，再切成小塊，或用來烤海綿蛋糕，再用奶油作裝飾蛋糕，製作成特別的紀念日蛋糕。

馬芬模型
除了用來烘烤馬芬蛋糕以外，其實這個模型還可以拿來烘烤很多種甜點，是很方便的工具。用來烤起司蛋糕或法式古典巧克力蛋糕，或用來作塔類或派類的點心，烤起來小小一個非常可愛。

塔模
如果手邊有大的跟小的兩種塔模，就能作出變化豐富的各種派或塔。我推薦的是可脫底的塔模。即使不用模型，用手揉成圓形或橢圓形後放上烤盤烘烤，也能變身成具有隨興風味的樸實點心。

心形馬芬模型
能烤出膨起來的心形真令人開心。作「焦糖瑪德蓮」（P.96）時我都是用這個模型。當然用傳統的貝殼模型或較淺的橢圓模型來作也可以。

戚風蛋糕模
戚風蛋糕專用的模型。如果是直徑20cm的模型，就能充分享受蓬鬆柔軟的戚風蛋糕口感。烤好戚風蛋糕後必須將模型倒置冷卻，因此比起樹脂加工的蛋糕模，鋁製的蛋糕模應該會更好（蛋糕不容易滑落）。

矽膠製模型
製作「杏仁粉蛋糕」（P.98）時所用的可露麗模型就是這個。這種模型的優點是不需在模型裡撒麵粉，可直接將麵糊倒入，脫模又方便。因為較難烤至上色，因此比較適合製作像巧克力或焦糖口味的蛋糕。這是我在MATFER JAPAN網站購得的。

橢圓形模
我用來烤「核桃焦糖奶油塔」（P.56）時所用的模型。改以圓圓小小的塔模來烤也可以。用這個模型來烤瑪德蓮蛋糕或費南雪蛋糕也會很可愛。

part 5

小小的烤蛋糕
＆冰涼小點心

小小的烤蛋糕，光是那小巧模樣就非常可愛了。

想一口接一口吃點心時最適合。

作一次麵糰就能作出好多個小點心，

想送很多人禮物或需要好多個蛋糕時，這種小蛋糕是最適合的。

冰涼的小點心雖然讓人聯想到炎炎夏日，

其實在冬天溫暖的房間裡吃著冰涼的甜點，也是另一種風味。

讓人一年四季都想放幾個冰冰涼涼的點心在冰箱裡呢！

奶香瑪德蓮

雖然從食譜上看起來材料好像有很多種，但其實只要全部放入一個鋼盆裡再攪拌均勻就能完成

了，非常的簡單。應該是要將這種步驟非常非常簡單的甜點，以多種材料來創造它的深度吧！一

大堆的材料擺放在一起，對自己說「好！開始作吧！」感覺好像要對這樣的自己潑冷水，因此我

介紹的甜點總是希望材料能越簡單越好……有時也會想要非常認真的製作一個簡單又基礎的點

心，這也是一種樂趣啊！

因為想要認真一點，因此這個瑪德蓮的大小我試著烤成比較迷你的尺寸。以1個蛋作出來的麵

糊，就能夠烤出約30個瑪德蓮小蛋糕。想要將甜點分送他人時，就直接放在袋子裡，「來，送

你」。雖然感覺很隨興，但有確實烤出貝殼的形狀，因此不只是午茶時間可以享用，也很適合

當禮物送人。不管是送禮的人還是收禮的人，都不會感到疲累或沉重的小小蛋糕，真是很棒的東

西！

材料（可作4×3cm的迷你貝殼模型約30個）

低筋麵粉　40g

杏仁粉　10g

泡打粉　¼小匙

無鹽奶油　40g

細砂糖　25g

蛋　1個

煉乳　1大匙

蘭姆酒　1小匙

蜂蜜　½小匙

鹽　1小撮

前置準備

＋蛋回復至室溫。

＋將低筋麵粉、杏仁粉、泡打粉及鹽混合後過篩。

＋在模型內塗上奶油後撒上麵粉（均為份量外）。

＋烤箱預熱至160℃。

◎ 作法

1　在鋼盆裡放入粉類及細砂糖，中央挖一個凹洞，往凹洞處倒入打散的蛋液、煉乳、蘭姆酒、蜂蜜。以打蛋器慢慢將麵粉堆打散，輕輕的攪拌均勻。

2　在較小的鋼盆裡放入奶油，鋼盆底部接觸60℃的熱水將奶油融化。或以微波爐也可以。趁熱將奶油倒入步驟1裡，快速攪拌均勻（如果時間許可，蓋上保鮮膜放入冰箱冷藏30分鐘以上，則可烤出口感濕潤的瑪德蓮）。

3　將麵糊以湯匙舀入模型裡，以160℃烤箱烘烤約10分鐘，脫模後放涼。

想要讓蛋糕散發出濃郁的奶香味時，最需要的就是甜甜的煉乳。如果想用砂糖來調節甜度，則可使用無糖煉乳。

以打蛋器從正中央往周圍的麵粉牆從內向外，輕輕地打散後拌勻。

光是作成「小小的」模樣的蛋糕，就能給人可愛的感覺了。在許許多多迷你的模型中，這個模型尤其可愛！

焦糖瑪德蓮

說到瑪德蓮小蛋糕，印象中是以烤成貝殼形狀的比較受歡迎。如果是作原味的瑪德蓮小蛋糕，

我也一定會烤成貝殼形狀，但就只有這款焦糖口味的瑪德蓮，令我很想以心形模型來烤。膨膨

的心形、濕潤口感的瑪德蓮實在太可愛了，搭配「焦糖瑪德蓮」這個聽起來既甜蜜又美味的名

字，跟心形真是超級絕配呢。

雖然只是改變蛋糕的形狀而已，但作蛋糕時如果能抱持著玩心，烤蛋糕的樂趣也會大大提升

喔。即使同樣是瑪德蓮小蛋糕，比起用淺淺的鋁盒來烤，以心形或貝殼形的模型來烤一定可愛

得多，而同樣是心形，也可以選擇比較窄款的愛心模型，瞬間就變身成俐落成熟感的印象。相

反地，以一個模型烤出各種不同口味的蛋糕，也是件很有趣的事情。

材料（可作6cm的馬芬模型約18個）

低筋麵粉　100g

泡打粉　¼小匙

無鹽奶油　80g

細砂糖　80g

蛋　2個

鹽　1小撮

焦糖奶油（作好後使用的量為80g）

　╲鮮奶油　200ml

　╲細砂糖　150g

　╲水　1大匙

前置準備

＋蛋回復至室溫。

＋在模型內塗上奶油後撒上麵粉（均為份量外）。

＋將低筋麵粉、泡打粉及鹽混合後過篩。

◎ 作法

1 首先製作焦糖奶油。在小鍋裡放入細砂糖及水，轉中火將糖煮融化（先不要搖晃鍋子）。待鍋緣開始出現焦糖色，即開始搖晃鍋子讓顏色均勻。出現深焦糖色後即熄火。加入事先用微波爐或小鍋加熱過的鮮奶油（要注意別煮沸），以木匙或耐熱的矽膠刮刀充分攪拌均勻，在鍋中不時攪拌邊靜置待其冷卻。

2 烤箱預熱至170℃。在較小的鋼盆裡放入奶油，鋼盆底部接觸60℃的熱水將奶油融化。或以微波爐也可以。奶油融化後繼續將鋼盆置於熱水上保溫備用。

3 在另一個鋼盆中放入打散的蛋液及細砂糖，打發至白色且稍顯綿密的狀態。倒入步驟2的奶油（趁奶油還溫溫的時候），迅速攪拌均勻，再倒入焦糖奶油後攪拌均勻。

4 將粉類篩入鋼盆，以矽膠刮刀以從盆底往上翻拌的方式大動作攪拌。

5 以湯匙將麵糊舀入模型裡，以170℃烤箱烘烤10至15分鐘，脫模後放涼。

我覺得焦糖醬與焦糖奶油，

以有厚度的鍋子作起來會比較好吃。

焦糖奶油的甜度會影響整個甜點的口味，

所以不要因為「每次作出來的味道

都不太一樣」而感到洩氣，

而是積極地想著「不曉得今天烤出來的點心

會是什麼味道呢」會比較好（笑）。

這個份量的焦糖奶油，

剛剛好可以裝入300ml的瓶子中。

如果不想一次作這麼多，

那麼將食譜的份量減掉一半即可。

如果想要作好後慢慢的在2至3個星期後用完，

可將作好的焦糖奶油裝入煮沸消毒過的瓶子裡，

放入冰箱冷藏保存。

如果預計幾天內就會用光，

則裝入乾淨的瓶子放入冰箱冷藏即可。

這個焦糖奶油即使放入冰箱也不會變得太硬，

依據今天想作的甜點的份量，

再取出所需的焦糖奶油回復到室溫，

或以微波爐加熱幾秒，

恢復到濃稠的狀態再使用。

杏仁粉蛋糕

平心而論，這應該是費南雪蛋糕的奶油沒烤焦版本。雖然也會以磅蛋糕模型或花朵形狀的模型

來烤，但是像這樣烤得小小的才是我個人偏愛的蛋糕。

剛開始作蛋糕時，會覺得既然是自己作的，還是健康一點，所以會減少奶油或砂糖的份量。但

其實食譜裡的份量都各自有其道理。自從我發現這件事後，就不會再隨意減糖了。搞不好還會

多加一些……

砂糖除了能增添甜味之外，還有許多重要的功能，能讓保存期限更長正是其中之一。要把蛋糕

送人，當然會在意保存期限了。但是當被問到「保存期限到什麼時候？」時，其實我也會困

擾。蛋糕的種類那麼多，依據季節及保存方法不同，也會影響保存期限的長短呢！

我認為，與其問可以放到什麼時候不會壞掉，不如問什麼時候吃最好吃。我是以希望對方能吃

到美味蛋糕的心情用心製作的，所以送人的時候，當時也是希望對方能在蛋糕最美味的時候享

用。

材料（可作直徑4.5cm的可露麗模型約12個）

低筋麵粉　50g

杏仁粉　120g

泡打粉　1小撮

無鹽奶油　100g

細砂糖　120g

蛋白　3個份

香草莢　½支

（或香草精少許）

鹽　1小撮

前置準備

＋在模型內塗上奶油後撒上麵粉（均為份量外）。

＋將低筋麵粉、杏仁粉及泡打粉混合後過篩。

＋烤箱預熱至180℃。

◎ 作法

1 在較小的鋼盆裡放入奶油，鋼盆底部接觸60℃的熱水將奶油融化。或以微波爐也可以。香草莢縱切，取出香草籽，將香草莢也一起放入奶油中，繼續將鋼盆置於熱水上保溫備用。

2 在另一個鋼盆中放入打散的蛋白，慢慢少量地倒入鹽及細砂糖，邊倒邊打發，打發成有光澤又綿密的蛋白糖霜。篩入粉類，以矽膠刮刀快速攪拌均勻（如果用的是香草精，則在這個階段倒入）。

3 從步驟1中取出香草莢，分3次將步驟1的奶油倒入步驟2，再以矽膠刮刀從盆底往上翻拌的方式大動作攪拌，直到呈現柔滑狀為止。

4 將麵糊倒入模型裡，以180℃烤箱烘烤20至25分鐘，以竹籤刺入蛋糕中央，如果未沾附麵糊，就表示烤好了。放置2至3天後會變得更濕潤美味。

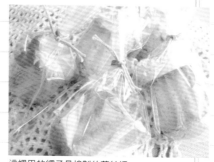

這裡用的繩子是棉製的蕾絲繩。
是用蕾絲編成、尾端散開的繩子，
也可以用來包裝禮物。

作甜點剩下的蛋白，
一個一個分好冷凍，之後使用會很方便。
在布丁杯裡鋪上保鮮膜，
倒入蛋白後將開口包起，
用橡皮筋或夾子綁緊，直接放入冰箱冷凍。
自然解凍成大約半冷凍的狀態下
就可以使用了。

本篇是用小的可露麗模型烤成較細長的形狀，
但如果麵糊入模時只倒入淺淺的一層，
就能烤出小小圓圓的樣子，非常可愛。
可用瑪德蓮蛋糕模或馬芬蛋糕模來烤，
也可以用磅蛋糕模型烤一個大大的蛋糕。
多試幾種，感受一下形狀與口感的差異也非常有趣。
本食譜的份量可以烤出一個18×8×6cm的模型，
烘烤時間則為180℃烤箱烤約40分鐘。

達克瓦茲杏仁蛋白餅

「好想吃甜點，妳烤點什麼來吃嘛！」如果有人這樣拜託我，當然沒有問題，但如果對方並沒

有吃過我作的甜點，那麼第一次送甜點給他時，我也不會感到擔心或緊張。「不知道他覺得好

不好吃呢？」與其擔這種心，不如說我比較擔心擅自送對方手作甜點會不會被討厭？

將心比心呀，要是自己收到了手作甜點，如果正好又與作甜點的人不熟，還是會不安的吧！

「會不會放了什麼怪東西進去呀？」之類的，當然不是擔心這個啦（笑）。

不過，收送禮物，禮尚往來，當然不是硬送給對方後就自我滿足了，而是希望自己不要忘了慎

重的心。但還是有點擔心對方會不會覺得被硬塞了不想收的禮物呢！

膨鬆烤成隨意形狀的達克瓦茲杏仁蛋白餅，因為夾了奶油而導致保存期限變短，一作好就要放

入冰箱早點吃完喔。吃的時候要回復到常溫。夾入打發成較硬的鮮奶油或市售的奶油抹醬，作

起來就更輕鬆了。

材料（可作約10組杏仁蛋白餅）

杏仁蛋白餅麵糰

　杏仁粉　50g

　糖粉　25g

　玉米粉　½大匙

　細砂糖　25g

　蛋白　2個份

奶油餡（容易製作的份量）

　無鹽奶油　120g

　細砂糖　35g

　蛋　1個

烘烤前撒上的糖粉　適量

前置準備

＋奶油餡用的奶油及蛋回復至室溫。

＋在烤盤上鋪上烘焙紙。

＋杏仁粉、糖粉及玉米粉混合後過篩。

＋烤箱預熱至180℃。

◎ 作法

1　首先製作杏仁蛋白餅麵糊。在鋼盆裡放入蛋白，再
　　少量慢慢倒入細砂糖，邊倒邊打發，作成有光澤又
　　綿密的蛋白糖霜。

2　將粉類篩入作蛋白糖霜的鋼盆，以矽膠刮刀往上翻
　　拌大動作的快速攪拌均勻。

3　用1支較大的湯匙舀起1匙麵糊，再以另一支湯匙將
　　麵糊調整成直徑約4cm大小後扣至烤盤上。以篩子
　　在麵糊表面撒上糖粉（如果糖粉融化，進烤箱前再
　　撒一次），放入180℃烤箱烘烤約15分鐘，再放到
　　蛋糕冷卻器上放涼。

4　製作奶油餡。在鋼盆裡打散蛋，加入細砂糖後打發
　　至白色濃稠狀（鋼盆底部墊上60℃熱水會更容易打
　　發）。

5　在另一個鋼盆裡放入已軟化的奶油，打發至呈白色
　　蓬鬆狀為止。將步驟4的蛋液分3至4次倒入，攪拌
　　至呈現柔滑狀為止。（即使蛋液一直分離，在攪拌
　　途中也會融合，請持續攪拌）。

6　當杏仁蛋白餅完全冷卻後，夾上奶油餡。

若能改變一下中間夾的奶油餡口味，
吃起來就更有趣了。
加了葡萄乾的奶油餡，
是在奶油餡裡適量加入蘭姆酒漬葡萄乾。
摩卡奶油餡，
是以奶油餡50g加入各1小匙
的即溶咖啡與蘭姆酒混合而成的。
如果將即溶咖啡輕輕攪拌，
沒有融化太徹底，
還殘留下些許顆粒口感，
作出來的餅乾又是另一番風味。
剩餘的奶油餡可以用保鮮膜包起來冷凍，
裝飾其他蛋糕時也很好用。

焦糖葡萄乾奶油蛋糕

幾乎可以說我愛上焦糖了，添加焦糖作的蛋糕總是讓我愛不釋口。想到時就會多作一些煮得較焦

香濃郁的焦糖奶油，放入冰箱保存，以便能常常用到。每次一打開冰箱，看到裝了深棕色焦糖奶

油的玻璃瓶，總覺得心情會比較平穩放鬆呢！

以前比較常作的是真正的焦糖醬。像奶油糖一樣一咬就碎的焦糖，或軟綿綿在嘴裡融化的牛奶糖

等。將材料全放入鍋中慢慢燉煮就能輕鬆完成，這點非常吸引我，作好後我會將焦糖切成小塊

狀，包裝好後到處送人。

我有預感，自己今年大概會用花朵模型或咕咕洛夫模型、小小的模型等，烤很多像這樣的奶油蛋

糕。可以每個月替換橘子、蘋果、無花果、覆盆莓、栗子、堅果、巧克力、鹽等等與焦糖麵糊搭

配的素材，是不是很有趣呢？在寫這份原稿的此刻，我正準備要用葡萄乾來製作囉！

材料（可作直徑約7cm的小布丁模12個份）

低筋麵粉　90g

泡打粉　1/3小匙

杏仁粉　30g

無鹽奶油　100g

細砂糖　75g

蛋　2個

蛋黃　1個

蜂蜜　1大匙（20g）

鹽　1小撮

葡萄乾　80g

蘭姆酒　1大匙

焦糖奶油（完成後使用量為80g）

細砂糖　75g

水　1/2大匙

鮮奶油　100ml

在前置準備的階段就先將葡萄乾
浸泡在蘭姆酒中。
不管是自己家裡作的或是市售品，
只要是有浸泡過蘭姆酒的葡萄乾都可以使用。
今天烤的蛋糕是用市售的蘭姆酒漬葡萄乾，
再灑上蘭姆酒提味。

能烤出漂亮的焦色，
脫模又相當容易的Nordic Ware布丁模，
這是被稱作布朗尼烤盤的模型
（模型內側寫著Bundt cupcakepan）。
能烤出模樣可愛又高雅的甜點。

前置準備

＋奶油、蛋及蛋黃回復至室溫。

＋葡萄乾與蘭姆酒混合。

＋低筋麵粉、泡打粉及鹽混合後過篩。

＋在模型內塗上奶油後撒上麵粉（均為份量外）。

🌀 作法

1 首先製作焦糖奶油。在小鍋裡放入細砂糖及水，轉中火將糖煮融化（先不要搖晃鍋子）。待鍋緣開始出現焦糖色，即開始搖晃鍋子讓顏色均勻。待糖汁呈現自己喜歡的焦糖色後即熄火。加入事先以微波爐或小鍋加熱過的鮮奶油（要注意別煮沸），用木匙或耐熱的矽膠刮刀充分攪拌均勻後，關火完全冷卻後備用。烤箱預熱至160℃。

2 在鋼盆裡放入已軟化的奶油，以打蛋器或手持式電動攪拌器攪拌成乳霜狀，加入細砂糖後繼續攪拌成白色蓬鬆狀為止。

3 將打散的蛋與蛋黃混合在一起後，分成兩半，其中一半蛋液少量慢慢倒入步驟2的鋼盆中，再倒入杏仁粉仔細攪拌均勻後，少量慢慢地倒入另外一半份量的蛋液，攪拌直至呈現蓬鬆狀為止。再倒入步驟1的焦糖奶油以及蜂蜜，仔細攪拌均勻。

4 將粉類篩入鋼盆，以矽膠刮刀以從盆底往上翻拌的方式大動作，仔細攪拌直至麵糊產生光澤為止。倒入葡萄乾快速拌入麵糊中攪拌均勻。

5 將麵糊倒入模型裡，待表面變平後以160℃用烤箱烘烤約25分鐘，拿竹籤刺入蛋糕中央，若竹籤上未沾附麵糊，就表示烤好了。脫模後放涼冷卻。

這份食譜的份量可作成
21×8×6cm的磅蛋糕模約1個。
烘烤時間為160℃烤箱
烘烤約45分鐘。
剩下的麵糊可以烤杯
或小型模型來烤。

紅茶蛋白糖霜餅乾

充滿紅茶香氣與杏仁風味的餅乾，是用低溫慢慢將水分烤乾後作出來的。因為已經充分乾燥，不容易受潮，一口咬下非常酥脆，也可以保存得比較久。但再怎麼說，餅乾還是得防潮，所以請用密封容器來保存，乾燥劑也要一起放進去喔！

可以直接當作搭配茶飲的餅乾，讓人忍不住一口接一口，與不加糖的打發鮮奶油一起享用也非常美味。將紅茶蛋白糖霜餅乾與鮮奶油疊在一起放上盤子後端上桌，搖身一變就成為甜點盤了。

最常見的作法是擠出圓圈形狀再烘烤，但擠成N字形或棒狀去烤也很棒。不使用擠花袋，以2支茶匙舀到烤盤上，做成圓滾滾的樣子也很可愛。如果再加點巧思，在擠好的麵糊上放上核桃、杏仁等堅果烘烤，看起來就成了飄著濃濃耶誕氣氛的餅乾了，冬天當成小禮物送人很適合呢！送禮時用透明OPP袋連同乾燥劑一起包裝起來，能讓人感受到你的用心喔！

材料（可作直徑約4cm的餅乾約30個）

杏仁粉　25g

玉米粉　10g

糖粉　25g

蛋白　1個

鹽　1小撮

紅茶茶葉　2g（若是使用茶包則為1包）

裝飾用堅果　各適量

（核桃、開心果、杏仁片等）

前置準備

＋將紅茶茶葉切細（如果用的是茶包則直接使用）。

＋杏仁粉及玉米粉混合後過篩。

＋在烤盤上鋪上烘焙紙。

＋烤箱預熱至120℃。

◎ 作法

1 在鋼盆裡放入蛋白，再少量慢慢地倒入糖粉及鹽，邊倒邊打發，作成綿密扎實的蛋白糖霜。

2 將粉類及紅茶茶葉過篩後加入，以矽膠刮刀大動作攪拌。

3 將蛋白糖霜放入星形擠花袋中，在烤盤上有間隔的擠出3至4cm的圓圈圈，依照喜好裝飾上堅果。用120℃低溫烘烤約1小時，讓餅乾中的水分徹底烤乾，之後放到蛋糕冷卻器上冷卻。

將蛋白糖霜麵糊擠成棒狀，
熱熱鬧鬧地擺上核桃、開心果、杏仁
及榛果烤成餅乾。
這樣的蛋白糖霜餅乾棒也是既有趣又美味。

買鮮奶油時都會附贈的擠花袋，
是非常方便好用的東西。
雖然有點不環保，
但因為使用次數不是那麼頻繁，
所以可以用過即丟這一點，
真是太適合我了。

小巧奶油泡芙

雖然並不是那麼常作奶油泡芙，但只要作一次就會吃上癮，變成連續幾天都好想來作泡芙，真是一種不可思議的甜點。為了讓麵糰能夠烤出蓬鬆感，必須將奶油加水沸騰一次。麵粉與蛋也要充分融合。邊視麵糊狀況邊添加蛋的份量，才能完成不過硬也不過於柔軟的外皮。烘烤中途不要打開烤箱，一定要讓泡芙好好地烤到最後，將水分都烤乾，才會有酥脆感。這樣看來，泡芙好像是種很難作的甜點，但實際作作看之後，會發現意外的簡單呢。東一個步驟西一個步驟，似乎很複雜又辛苦，但當麵糊在烤箱中胖胖地膨脹起來時，「哇！作泡芙真的很有趣呢，明天再作一次吧！」忍不住就會這麼想。擠花袋我還是使用買鮮奶油附贈的贈品，擠花嘴則是使用圓形的，不過若你只有星形的擠花嘴，只要把星形的星芒部分剪掉變成圓形口，就可以了。卡士達醬則簡單地以兩個蛋黃來製作，再以鮮奶油來增添份量感。卡士達與鮮奶油結合後，這種彈性與柔滑感正是我喜歡的。

材料（可作直徑約4cm的泡芙約30個）

泡芙麵糊

> 低筋麵粉　55g
> 無鹽奶油　45g
> 牛奶　50ml
> 水　50ml
> 蛋　2～2½個
> 細砂糖　½小匙
> 鹽　1小撮

卡士達醬

> 蛋黃　2個
> 牛奶　200ml
> 細砂糖　55g
> 無鹽奶油　15g
> 低筋麵粉　1大匙
> 玉米粉　1大匙
> 香草莢　½根（或香草精少許）

鮮奶油　120ml

蘭姆酒　1小匙

前置準備

＋將全部的奶油與泡芙麵糊所需的蛋回復至室溫。

＋將泡芙麵糊用的低筋麵粉過篩。

＋在烤盤上鋪上烘焙紙。

＋烤箱預熱至190℃。

◎ 作法

1 首先製作泡芙麵糊。在鍋裡放入奶油、牛奶、水、細砂糖及鹽後轉中火，用木匙攪拌溶解奶油，讓材料沸騰一次。熄火後將麵粉篩入鍋中，以打蛋器快速攪拌。

2 再次轉成較弱的中火，以木匙仔細攪拌約2分鐘。待麵糊變得柔軟成形，鍋底開始產生薄膜之後即可熄火。

3 加入⅓份量仔細打散的蛋液，以木匙快速攪拌溶解。剩餘的蛋液則視麵糊的硬度來少量加入調節。若用勺子舀起麵糊後呈現緩慢流下，滴落的麵糊已呈現倒三角形時，就不要再加入蛋液了。

4 將麵糊填入裝有直徑約1cm圓形擠花嘴的擠花袋中，在烤盤上間隔地擠出直徑2.5至3cm的胖胖圓球狀。以沾了水的指尖將麵糊尖尖的地方壓平，再用噴霧器在麵糊表面噴上水，放入190℃烤箱中烘烤12分鐘，待烤至上色後再將溫度降為150℃，繼續烘烤約10分鐘。烤好後直接放在烤箱裡冷卻，使其充分乾燥。

5 接著製作卡士達醬。在鋼盆裡放入蛋黃後以打蛋器打散，加入細砂糖仔細攪拌，再篩入低筋麵粉與玉米粉後混勻。

6 在鍋中放入牛奶、香草莢（縱切開香草莢後取出香草籽，香草莢也一起放入），加熱至快沸騰前熄火，之後少量慢慢地倒入步驟 5 中，攪拌均勻。用濾網濾過倒回鍋中，轉中火，以打蛋器不停攪拌燉煮。待表面開始冒泡泡，出現濃稠感後，繼續攪拌，待卡士達醬變得較稀且輕時熄火。加入奶油以餘熱融化，並將鍋底浸泡冰水，邊攪拌邊讓其完全冷卻。

7 將鮮奶油及蘭姆酒打發至出現札實尖角的程度（九分），將其倒入步驟 6 中以矽膠刮刀大動作攪拌均勻。

8 裝填餡料。剪開泡芙正中間偏上的地方，將卡士達醬填入裝有星形擠花嘴的擠花袋後，擠進泡芙裡。或以小湯匙來裝填也可以。

買鮮奶油時都會附贈這種擠花嘴。大部分是星形的，如果把星芒的部分以剪刀剪掉，就可以當作圓形的擠花嘴來使用了。

泡芙麵糊的硬度大約是如圖。以木匙舀起後呈現這樣的倒三角形垂下就可以了。

泡芙皮烤過後會膨脹起來，因此在擠麵糊時必須留下間隔。大約這樣小一點的尺寸很可愛。

小銅鑼燒

說到銅鑼燒,最先聯想到的就是哆啦A夢吧!在京都東寺的附近有間和菓子店「笹屋伊織」,那

裡有賣非常有深度的銅鑼燒。

那是被稱為「夢幻銅鑼燒」的甜點,外觀跟內餡一看就知道和普通銅鑼燒不同。看起來像是比較

小的蛋糕卷,有彈性的外皮口感,捲上風味溫潤的紅豆餡,再整個用竹葉包起,是可以連同竹葉

切開享用、帶有懷舊溫暖風味的甜點。餅皮是以東寺的銅鑼取代鐵板所烤出的祕傳餅皮,因此被

稱為「弘法大師緣之甜點」代代相傳地烤下去。只在弘法市的21日及前後的20至22日這三天間

販售,是很特別的和菓子,這是有關銅鑼燒的、京都和菓子小情報。

材料（可作直徑約7cm的銅鑼燒10組）

低筋麵粉　90g

泡打粉　½小匙

玉米糖（或細砂糖）　45g

牛奶　50ml

蛋　2個

蜂蜜　1大匙

沙拉油　適量

⎰鮮奶油　60ml

⎱市售紅豆粒（紅豆泥亦可）　適量

前置準備

＋蛋回復至室溫。

＋低筋麵粉及泡打粉混合後過篩。

◎ 作法

1 在鋼盆裡打散蛋，加入玉米糖及蜂蜜，打發成微微
　呈現黏稠狀為止。

2 加入牛奶，快速攪拌一下後篩入粉類，以矽膠刮刀
　以從盆底往上翻拌的方式大動作攪拌至呈現柔滑狀
　為止。覆蓋上保鮮膜，放置於室溫讓麵糊醒麵20至
　30分鐘。

3 以中火加熱平底不沾鍋，第一次煎之前先塗上非常
　薄的一層沙拉油，接著轉小火，以大湯匙舀½匙麵
　糊流入平底鍋，作出直徑7cm的餅皮，煎至表面開
　始出現氣泡後，迅速翻面，將另一面也烤出酥脆焦
　色。依相同的步驟煎完20片餅皮，在所有餅皮上輕
　輕覆蓋用力擰乾的溼毛巾或保鮮膜後待其冷卻。

4 等餅皮完全冷卻後，夾上事先打發成會呈現柔軟尖
　角的鮮奶油（八分發）以及紅豆粒，份量照自己的
　喜好即可。奶油與餅皮相融的隔天吃也很美味。

麵糊表面開始出現像這樣的小泡泡時，
就代表要趕快翻面了。

烤好後的餅皮要蓋上用力擰乾的
薄溼毛巾後再冷卻，以免餅皮乾掉。

以餅皮夾上奶油醬也很好吃。
作法是以打蛋器
將無鹽奶油75g攪拌柔軟後
再加入細砂糖1大匙及鹽少許，
攪拌至稍微變白蓬鬆後就可以了。

甜番薯

雖然把食譜寫了出來，但這道甜番薯其實只要邊確認番薯的味道及軟硬度，邊適量地混合奶油、

甜味及鮮奶油等，即興地作出自己喜歡的味道，就是最好吃的了。因此，這個配方就請當作參考

吧！這次買的番薯因為甜度很高，所以糖漿的量會稍微控制。沒有楓糖漿就用砂糖代替吧！今天

想作的是比較濃厚的口感，就用兩顆蛋吧！水分好像不大夠，那就多加些鮮奶油吧！請以這樣的

感覺，愉快地製作這道甜點。

如果味道對了，但是番薯泥顯得太硬，就以手揉成圓球，作成小小的番薯形狀來烤也可以。如果

太軟了，就以湯匙或擠花袋擠入烤杯、馬芬模型或紙製耐烤杯來烘烤吧！

如果想要偷懶又想烤出柔滑口感，那就派食物調理機上場吧！將材料全部放進去，迅速攪打一

下，瞬間就完成了番薯麵糊啦。感覺好像是沒啥氣氛的作法，但如果有機會一口氣作很多番薯麵

糊，不妨就試試這個方法。

材料（可作直徑約7cm的烤杯4至5個）

番薯　中型1個（實重200g）

無鹽奶油　30g

蛋黃　1個

鮮奶油　2大匙

楓糖漿　2大匙

鹽　1小撮

增添光澤用的蛋液　適量

前置準備

+ 奶油回復至室溫。

+ 烤箱預熱至170℃。

1 番薯去皮後隨意切塊，泡水洗掉泡沫。放入已經蒸熱的蒸籠，以中火蒸15分鐘，蒸熟至竹籤可輕易刺穿的軟度。或切小塊放入微波爐加熱8分鐘讓番薯軟化也可以。

2 趁熱將番薯放入鋼盆，以食物搗碎器將番薯打碎後，依序加入奶油與鹽→蛋黃→鮮奶油→楓糖漿，再以矽膠刮刀攪拌至變為柔滑狀（可視情況邊攪拌邊倒入鮮奶油及楓糖漿，調整成自己喜歡的軟硬度及甜度。）

3 以湯匙舀起番薯泥後放入模型，在打散的蛋液中加少量水稀釋後塗在番薯泥表面，放入170℃烤箱中烘烤25至30分鐘，烤出美味的焦色。

想選擇番薯作的甜點時，
那就是溫溫甜甜的「鳴門金時」。
將番薯慢慢加熱，
會增加番薯的甜味。
想要控制砂糖的量時，
我會使用蒸籠或烤箱慢慢地加熱番薯，
再將又甜又軟的番薯過篩用來使用。

也可以像這樣，烤成小小圓圓的甜地瓜球。
像飯糰一樣塞入些內餡也非常有趣。
栗子、紅豆餡、核桃、糖煮蘋果或葡萄乾，都可以當作內餡。

烤蘋果

將整顆蘋果去除芯後直接拿去烤也很可愛，但為了方便食用，在我家都是切半後再拿去烤的。在挖掉正中央的蘋果芯時，可以利用取出葡萄柚果肉專用的挖匙。除了吃葡萄柚或吃奇異果之外都不會想到拿出來用的挖匙，身為主人的我也想讓它多派上點用場。

剛烤好的蘋果熱熱的，搭配冰涼的冰淇淋或鮮奶油享用非常美味，冰鎮過的烤蘋果也很好吃，但感覺蘋果的甜味會稍微降低點，不過我個人比較喜歡這樣的吃法。

「番茄紅了，醫生的臉就綠了」如同這句諺語一樣，「一天一蘋果醫生遠離我」也是很常聽見的。想要身體健康而積極地吃蘋果固然不錯，但是單純因為好吃而積極地去吃，也很棒呀！不管是什麼食物，我覺得都要用後者的心態去享用才會讓人更有活力，不是嗎？

材料（4人份）

蘋果　2個

無鹽奶油　20g

細砂糖　2大匙

裝飾用的鮮奶油、薄荷葉　各適量

前置準備

＋烤箱預熱至160℃。

◎ 作法

1 將蘋果洗乾淨，縱切半後以湯匙或刀子去掉蘋果芯的部分，排放在耐熱容器裡。

2 在挖空的地方分別填入奶油5g，並在蘋果表面灑上細砂糖，以鋁箔紙完全覆蓋後放入160℃烤箱中烘烤30分鐘。烤好後成盤，依據喜好裝飾加了適量細砂糖及利口酒打發的鮮奶油，以及薄荷葉。搭配冰淇淋、撒上肉桂粉一起吃也很美味。

法國品牌Le Creuset直徑22cm的小型鑄鐵鍋。
可以將蓋子一起放入烤箱烘烤，
既能用來作料理也可以作點心，
使用範圍相當廣。
放在餐桌上看起來就很可愛，
這也是我喜歡它的原因之一。

秋天用的蘋果是紅玉品種，
其他季節我較常用富士蘋果。
以前，朋友T送我的北海道產名
為「茜」的蘋果，
試著拿來烤蛋糕後發現超級美味，
今年也來訂一箱好了。

草莓慕斯

買到自然栽種的草莓時，第一個想到要作的就是這個甜點。雖然沒有使用蛋白糖霜，但口感卻蓬鬆綿軟、入口即化，是一款有著淡淡粉紅色的草莓慕斯。今天就用我最近很喜歡的心形白色陶製碗來凝固慕斯。法國品牌Le Creuset的粗陶器系列是可以放入烤箱烘烤的，因此烤蛋糕時我也常用到它。

作慕斯感覺似乎很複雜，是因為不知道需要幾個比較大的鋼盆。實際作作看，就會發現其實很簡單。簡單來說，這個慕斯的作法就是將草莓攪拌成果泥後跟吉利丁混合，再加入打發成濃稠狀的鮮奶油後冰起來，就這樣而已。將慕斯底與鮮奶油兩者的濃稠度調整得相近，就能融合得很柔滑，製作時需要注意的地方大概只有這點。如果濃稠度無法調整成差不多的狀態，作出來的慕斯可能會分離成兩層，其實這樣也別有趣味，而且同樣很好吃。雖然洗水果還是要花點時間，但請一定要挑戰看看這款蓬鬆柔軟的慕斯。

材料（可作120ml的容器6個）　　※非素
草莓　約1盒（220g）
鮮奶油　180ml
細砂糖　50g
檸檬汁　1小匙
喜歡的利口酒　1小匙
┐吉利丁粉　5g
┘水　2大匙
裝飾用草莓、薄荷葉　各適量

前置準備
＋將吉利丁粉以適量的水溶解備用。

◎ 作法
1 草莓洗淨後瀝乾水分，倒入細砂糖、檸檬汁後放入
　果汁機攪拌成柔滑的果泥後放入鋼盆（或以叉子壓
　碎後再過篩也可以）。
2 在另一個鋼盆裡倒入鮮奶油及利口酒，打發成不會
　形成尖角的濃稠流動狀（六分發）。
3 將溶解的吉利丁粉隔水加熱或放入微波爐加熱數秒
　溶解（注意不要使其沸騰），加入少量的步驟1的
　果泥後攪拌均勻。之後倒回步驟1的鋼盆裡，用矽
　膠刮刀攪拌至柔滑狀（如果攪拌起來感覺太稀，在
　鋼盆下墊著冰水，攪拌時就會有些許濃稠感）。
4 加入步驟2的鮮奶油後以矽膠刮刀大動作攪拌，
　再倒入容器，放入冰箱冷藏2小時以上使其冷卻凝
　固，依照喜好放上切碎的草莓、薄荷葉作裝飾。

想要迅速完成果泥，可以交給食物調理機。
我是將草莓與砂糖放入較高的容器裡，
以「bamiX」來快速攪拌。
如果想要享受草莓的顆粒口感，
可以用叉子將草莓壓碎作成果泥。

Le Creuset的這個容器，
可以作2個＋1個咖啡杯份量的
草莓慕斯。

白乳酪蛋糕

蓬蓬鬆鬆、吃到最後一口都很溫和的奶油甜點「白乳酪」，是像優格般用新鮮起司及鮮奶油、蛋白糖霜混合而成的。原本應該要用紗布來製作，我這次是以廚房紙巾來替代。如果作成1人1份，小小一個看起來會非常可愛，所以使用濾茶網來作。家裡有好幾個濾茶網可能大家會覺得滿奇怪的，不過其實都是在百元商店買的，還真是不能小看了百元商店呢！

就算作成大大的一個白乳酪蛋糕，美味也不會改變。只要在濾網上鋪上廚房紙巾或紗布，慢慢地瀝乾白乳酪的水分即可以。只要作過一次就會愛上這種美味，那麼買了一大堆濾茶網也不算浪費囉！

如果買不到白乳酪，那麼也可以選擇較濃郁、酸味少的優格，瀝乾水分後代替白乳酪。在濾網上鋪上廚房紙巾，放入優格後在冰箱冷藏一個晚上即可以。說不定很多人還比較喜歡優格作出來的清爽口感呢！因為是甜度較低的甜點，吃的時候淋上蜂蜜之類的也不錯喔！

材料（直徑7cm的白乳酪蛋糕5至6個）

白乳酪　100g

鮮奶油　80ml

糖粉　15g

蛋白　1個份

蜂蜜　適量

前置準備

+ 在濾網上鋪上廚房紙巾或紗布，下方擺好布丁模或玻璃杯。

◎ 作法

1 在鋼盆裡放入白乳酪，以矽膠刮刀攪拌至軟化。

2 在另一個鋼盆裡放入鮮奶油，打發至出現柔軟的尖角為止（八分發）。

3 在另一個鋼盆裡放入蛋白，少量慢慢加入糖粉邊打發，作成有光澤又綿密的蛋白糖霜。

4 在步驟1的鋼盆裡放入步驟2的鮮奶油，以矽膠刮刀大動作攪拌，再將蛋白糖霜分2次加進去，大動作攪拌一下。

5 倒入事先準備好的濾網裡，蓋上保鮮膜放入冰箱2小時以上讓水分瀝乾。待水分瀝乾至自己喜歡的軟硬度後，盛入器皿中，淋上蜂蜜食用。因為不能久放，要盡快吃完。

如果家裡沒有濾網，
可以咖啡濾紙套
在咖啡杯上代替。
雖然沒辦法作成圓嘟嘟的樣子，
但這樣作出來的白乳酪蛋糕
外型也滿有趣的。

如果要一次作很多，
可以在篩子上鋪上廚房紙巾或紗布，
將蛋糕麵糊輕輕放上，
小心地包起。
底下以鋼盆或有深度的盤子
來承接滴落的水分，
再放入冰箱冷藏。

在牛奶裡加入酵素凝固，讓水分瀝乾，
即完成了風味圓潤濃厚的起司，這就是白乳酪。
直接搭配水果或淋上蜂蜜享用，
就是一道很棒的甜點了。

在裡面加入冷凍的覆盆莓也很好吃。
在放上濾網時，
一點一點從上方塞入覆盆莓即可。

材料（可作22×16cm的淺盤一個）
無糖優格　250g
牛奶　50ml
細砂糖　35至40g
裝飾用薄荷葉　適量

◎ 作法

1 在淺盤或密閉容器裡放入優格及細砂糖，以湯匙攪拌均勻，倒入牛奶後仔細攪拌均勻。

2 覆蓋上蓋子或保鮮膜，放入冰箱冷凍凝固。每30分鐘打開冰箱看一下，將變硬的部位以湯匙或叉子敲碎後攪拌均勻，大約重複3至5次（這是為了讓冰凍優格內含空氣，吃起來有鬆軟又清脆的感覺）。

3 盛入器皿中，放上薄荷葉裝飾。依照喜好放上以叉子搗成果泥的杏桃（罐頭），或淋上果醬後享用。

冰凍優格

京都的夏天實在是有夠熱的。我從出生以來就一直住在同一塊土地上，但是不管度過多少個夏天，還是沒辦法習慣那種悶熱。在房間裡得吹著涼涼的冷氣，在車裡一樣得吹著涼涼的冷氣。這樣作會讓地球暖化變得越來越熱，雖然心裡這樣擔心著，但是實在無法忍耐……

這樣炎熱的季節裡，不管飲料還是食物，都希望是冰冰涼涼的才好。跟朋友一起喝咖啡時，朋友說：「正因為是夏天所以才要點溫熱的飲料、吃溫熱的食物，對身體比較好！」然後點了熱咖啡，而我只看了看她，心想「真像大人啊！」繼續點我的冰奶茶或冰咖啡歐蕾。這樣的我要到幾歲才能學會在夏天喝熱熱的飲料呢？應該會很有趣吧？對將來的自己會變成什麼樣，我也很期待呢！

每天都要吃的優格。
我家的冰箱總是隨時準備好許多「bulgaria優格」。
如果用於製作甜點，也有其他更濃郁具豐潤奶香味的優格，
但我家固定都是吃這個牌子的優格。

材料（可作80至100ml的容器6個）
牛奶　150ml
鮮奶油　120ml
細砂糖　45g
蛋黃　2個
即溶咖啡　1大匙
咖啡利口酒　1小匙

◎ 作法
1 在鍋裡放入牛奶與即溶咖啡，轉小火以木匙攪拌溶解。

2 在鋼盆裡放入蛋黃後以打蛋器打散，再加入細砂糖，攪拌至變白且產生黏性為止。接著少量慢慢倒入步驟1的牛奶，攪拌一下後倒回步驟1的鍋中，轉小火用木匙慢慢攪拌。待開始出現濃稠感後熄火（迅速將鍋底浸泡冰水，邊攪拌使其冷卻）。

3 將鮮奶油及咖啡利口酒打發至不會產生尖角且能緩緩流下的程度（六分發），少量慢慢地倒入步驟2中攪拌至產生柔滑感為止。倒入容器，蓋上保鮮膜放入冰箱冷凍3小時，使其冷卻凝固。

咖啡冰淇淋

放入冰箱冷凍後，不時取出攪拌一下，就算不用食物調理機來攪拌，也可以作出柔滑的冰淇淋口感，是我很喜愛的食譜。這裡介紹的是咖啡口味，如果不加咖啡或利口酒，就成了原味的冰淇淋。加入香草莢或香草精增添香氣，味道就像香草冰淇淋，會更好吃喔！或以煮得較濃的奶茶150ml來作，就完成了濃郁又圓潤的奶茶冰淇淋。淋上紅茶利口酒或任何您喜愛的利口酒來享用都可以。

剛從冷凍室取出時當然會硬梆梆的，只要在食用前先拿出來在室溫下放置一會兒，稍微融化後以湯匙一挖，就能享用到柔滑美味的冰淇淋了。

轉小火，
以木匙輕輕攪拌，
讓咖啡糖漿
出現這樣的濃稠度。

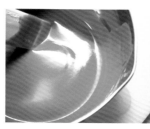

以新型的製冰器
來冷凍也很可愛。

材料（約2人份）
草莓　½盒（120g）
牛奶　120ml
蜂蜜　1至2大匙

前置準備
◆ 將草莓用夾鏈袋裝好後，放入冰箱冷凍（前一天就要準備好）。

🌀 作法
1 以果汁機將冰凍的草莓、牛奶及蜂蜜迅速攪拌一下（或放入容器，用bamix來攪拌）。作成柔滑狀後即完成。倒入玻璃杯，放上湯匙或吸管。

草莓果昔

結合了冷凍的水果與牛奶，增添甜味後以果汁機攪拌一下，瞬間就完成了。可以當作夏天的點心，或剛洗好澡時吃的甜點，一點都不費時就能作出美味的點心。我都是以較大的量杯將材料全部放進去，以「bamix」迅速攪拌完成。

要用哪種水果沒有限制，什麼都可以。只要平時在冰箱冷凍一些水果，想吃時隨時都能馬上跑進廚房作好。我總是在冰箱存放著買來的冷凍綜合莓，非常方便。只要記住水果跟牛奶大約等比例就好。想以蜂蜜或砂糖來增添甜味都可以，甜度也是依您喜好。可以先不加糖，作好後再視甜度加糖攪拌。

將草莓洗淨後瀝乾水分，
放入「密保諾」夾鏈袋裡冷凍起來。
如果是大顆的草莓，
就切成適當大小來冷凍，
使用起來會更加方便。

材料（可作120ml的容器5個）　※非素
牛奶　320ml
鮮奶油　80ml
白芝麻醬　30g
〟吉利丁粉　5g
〟水　2大匙
蜂蜜　2大匙（40g）

前置準備
＋用份量中的水溶解吉利丁粉後備用。

◎ 作法
1 在鋼盆裡放入鮮奶油，打發至產生濃稠感為止（六分發），再放入冰箱冷藏。
2 在另一個鋼盆裡放入白芝麻醬與蜂蜜，少量慢慢倒入用微波爐加熱到與肌膚溫度相近的牛奶，再以打蛋器攪拌均勻。將事先溶解的吉利丁粉放入微波爐加熱數秒溶解後（注意不要沸騰），倒入裝白芝麻醬的鋼盆裡。
3 將步驟2過篩後，在鋼盆底部墊著冰水，輕輕攪拌使其產生濃稠感。加入步驟1的鮮奶油，以打蛋器攪拌到產生柔滑感為止，再倒入器皿中，放入冰箱冷藏2小時以上使其冷卻凝固。

白芝麻布丁

使用濃醇的白芝麻醬，加入吉利丁冷卻凝固後作出來的

白芝麻布丁。因為我喜歡芝麻與蜂蜜的組合，所以在這

個布丁裡也試著用蜂蜜增添甜味。以滋味豐富的玉米糖

來作也會很好吃，如果想要清爽的甜味，可以使用細砂

糖。

偶爾吃吃這種帶著點日本風味的冰涼甜點也很不錯。吃

過日本料理後，如果能從冰箱拿出這樣的甜點端上桌，

大家一定會很開心吧？這種滑滑嫩嫩的甜點，就算吃得

很飽了也還是吃得下，招待客人吃飯時，不妨將這種甜

點放入菜單裡喔！

白芝麻醬不只可以拿來作甜點，
作料理時也很常用到。
將白芝麻醬與砂糖、醬油、芝麻粉混合後，
就完成了簡單的芝麻沾醬，
可以拿來拌青菜、作淋醬，
更可以用於燒烤或燉煮菜餚時調味，
是款萬用醬汁。

豆漿凍

原文稱為blanc manger的豆漿凍，blance＝白色，manger＝食物。意即「白色的食物」的一種

涼點心。真正的blanc manger是用牛奶燉煮杏仁煮出香味，但本篇簡單的使用杏仁香甜酒，增添

淡淡的杏仁風味。因此這應該說是接近blanc manger的豆漿凍吧！可以淋上咖啡利口酒或黑糖

蜜、焦糖醬等等來享用。如果想要作得更簡單，可以不將鮮奶油打發，直接與融入吉利丁的豆漿

混合。這個作法可以創造滑嫩柔軟的口感，也有另一番風味。

這款豆漿凍擁有幾乎要從模型裡滑出來般的柔軟度，因此以較小的模型固定後滑入盤子上，看起

來也很可愛。右頁使用的是矽膠製的圓孔模，非常容易脫模，又可以用於烤箱、微波爐、更可以

冷凍或冷藏，非常方便所以我很喜歡。以前收集了好多好多。優點很多，但放入烤箱烘烤無法烤

出漂亮的焦色，所以可以用來烤焦糖或巧克力口味等顏色較深的蛋糕，我則是喜歡以它來作冰涼

的果凍布丁類甜點。

材料（可作160ml的容器4個）

豆漿（成分調整或未調整皆可）　250ml

鮮奶油　120ml

細砂糖　30g

⌉吉利丁粉　5g
⌋
⌉水　2大匙

杏仁香甜酒（若有就加）　1小匙

裝飾用的咖啡利口酒　適量

前置準備

✛ 以份量中的水溶解吉利丁粉後備用。

◎ 作法

1 在鋼盆裡放鮮奶油、細砂糖、杏仁香甜酒，打發至
產生濃稠感為止（六分發）。放入冰箱備用。

2 在另一個鋼盆裡倒入豆漿。將事先溶解的吉利丁粉
放入微波爐加熱數秒溶解後（注意不要沸騰）與少
量的豆漿混合均勻，再倒入裝豆漿的鋼盆裡，以打
蛋器攪拌到呈現柔滑狀為止。

3 過篩後加入步驟1的鮮奶油，以打蛋器攪拌到產生
柔滑感為止。倒入器皿中，放入冰箱冷藏2小時以
上使其冷卻凝固。吃的時候可依據喜好淋上咖啡利
口酒。

我每天喝的Soya farm調整豆漿。
淡淡的甜度，
喝起來很清爽好入口，
而且真的非常美味！

加入一點點咖啡利口酒，
就能搖身一變成為成熟風的甜點。
有些餐廳或咖啡廳裡，
在香草冰淇淋上
淋些巧克力或咖啡口味的利口酒，
也名列食譜上的甜點之一。

矽膠製的直徑7cm圓洞模。
原本是一整張的6連模，
為了方便我用剪刀一個個剪開了。

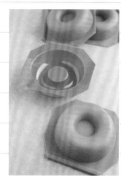

到目前為止所介紹的食譜,只要加上一點變化,就變成了全新的甜點。
喜歡的食譜不但會想一直作下去,
而且也想將同樣的口味以不同的面貌呈現出來。

抹茶大理石迷你戚風

P.18 抹茶大理石戚風蛋糕

我剛開始作戚風蛋糕的時候,很堅持一定要用直徑

20cm的模型烤出大大的蛋糕。總覺得鬆軟輕盈的蛋糕

部分越多,越能吃出戚風蛋糕的美味之處。現在除了這

個,還會考慮到製作的方便度與輕鬆度,最常烤的變成

直徑17cm或14cm的模型了。大大的、好吃的、方便

的蛋糕是很棒沒錯,不過較小的蛋糕就是很可愛呀!就

因為這樣天真的理由,最近我也沉迷於製作直徑10cm

的戚風蛋糕了。

recipe

材料與作法
(可作直徑10cm的戚風蛋糕4
個)與「抹茶大理石戚風蛋糕」
相同。倒入直徑10cm的戚風蛋糕
模型裡,放入預熱至160℃的烤
箱中烘烤約25分鐘。

椰子肉桂戚風

P.20 椰子肉桂大理石戚風

以大理石花紋為題而製作的椰子肉桂大理石戚風，其實
也可以不作大理石花紋，讓麵糊整體染上淡淡的淺褐
色，烤出柔軟印象的戚風蛋糕。食譜頁上寫的是使用
「細椰子粉」這種粉末狀的椰肉，但這裡用的是粗粒椰
子粉，更能享受到椰肉的口感。

recipe

材料與作法
（可作直徑17cm的戚風蛋糕1
個）
與「抹茶大理石戚風蛋糕」相
同。肉桂粉先不溶解，與粉類一
起過篩後備用。作到步驟 **3** 完成
麵糊。直接倒入模型裡，烘烤時
間也相同。

迷你巧克力磅蛋糕

P.34 巧克力磅蛋糕

磅蛋糕模型1個的份量，分成2個較小的磅蛋糕模型，1
個烤好後家裡吃，另1個則可分送親友。我常常這樣分
配烤好的蛋糕。因為是簡單的巧克力蛋糕，會直接反應
出巧克力的口味。可以依照自己的喜好選擇巧克力的口
味或甜度喔！

recipe

材料與作法
（可作直徑12×6.5×6.5cm的磅
蛋糕模型2個）與「巧克力磅蛋
糕」相同。泡打粉改為⅛小匙，
之後的作法皆相同。用預熱至
160℃的烤箱烘烤約25至30分
鐘。

紅茶迷你瑪德蓮

P.94 奶香瑪德蓮

「奶香瑪德蓮」並不是技巧特別困難的點心。只要把材料準備好，在鋼盆中仔細且溫柔的攪拌好，就能烤出美味的瑪德蓮小蛋糕了。正式的食譜頁有介紹用小型葉子模烤出的原味瑪德蓮，但本篇是加上格雷伯爵茶，再用小的心形模型來烘烤。這個心形模型尺寸迷你，又有著剛剛好的厚度，我非常喜愛。膨膨又濕潤、可愛的小小蛋糕，可以輕鬆的當作伴手禮。

recipe

材料與作法
（可作4.5×4cm的迷你心形模型20個）
與「奶香瑪德蓮」相同。在倒入粉類的同時加入切碎的紅茶茶葉2g（茶包則為1包），將蘭姆酒替換成等量的柳橙利口酒（香橙干邑甜酒或君度橙酒）後製作成麵糊，再以同樣的時間溫度烘烤。

黑櫻桃奶酥塔

P.76　栗子奶酥塔

以奶酥作為塔底與表層裝飾的「栗子奶酥塔」，把它變成水果版本。因為我覺得比起用核桃，杏仁似乎更適合搭配黑櫻桃，因此將奶酥麵糊稍微更改了一下。如果家裡有直徑15cm的活動蛋糕模，可以用來代替可脫底的圓形蛋糕模來作作看喔。連蛋糕底也可以充分加熱，因此能烤出更美味的蛋糕。

recipe

材料與作法

（可作直徑15cm的可脫底圓形蛋糕模型1個）

低筋麵粉60g、無鹽奶油40g、細砂糖30g、杏仁粉30g、鹽1小撮，作出與「栗子奶酥塔」相同的奶酥。省略步驟**2**的乾烤動作，也不加蘭姆酒，製作出杏仁奶油，依序將一半份量的奶酥→杏仁奶油倒入模型裡，再放上20粒罐頭黑櫻桃，灑上剩餘的奶酥，放入180℃烤箱中烘烤約45分鐘。

蔓越莓杏仁粉蛋糕

P.98　杏仁粉蛋糕

很多人都說作蛋糕會剩下很多蛋白，但我最喜歡以蛋白為主烤出來的蛋糕，因此我常常為了取得蛋白，而特地作了要用很多蛋黃的甜點。剛烤好時外酥脆、內蓬鬆。放了幾天後會變化為濕潤又深奧的口感。加了蔓越莓增添酸甜滋味。

recipe

材料與作法

（可作直徑6cm的耐烤杯約16個）

與「杏仁粉蛋糕」相同。麵糊作好後加入80g蔓越莓乾後攪拌一下，放入160℃烤箱烘烤25分鐘。可省略模型的事先準備。

烘焙 良品 39

最詳細の烘焙筆記書 III
從零開始學戚風蛋糕&巧克力蛋糕

作　　者／稲田多佳子
譯　　者／黃鏡蒨
發 行 人／詹慶和
總 編 輯／蔡麗玲
執行編輯／李佳穎
編　　輯／蔡毓玲・劉蕙寧・黃璟安・陳姿伶・白宜平
封面設計／翟秀美
內頁排版／造極
美術編輯／陳麗娜・李盈儀・周盈汝
出 版 者／良品文化館
郵政劃撥帳號／18225950
戶名／雅書堂文化事業有限公司
地址／220新北市板橋區板新路206號3樓
電子信箱／elegant.books@msa.hinet.net
電話／(02)8952-4078
傳真／(02)8952-4084

2015年3月初版一刷 定價／350元

takako@caramel milk tea san NO "HONTO NI OISHIKU TSUKURERU"
CHIFFON CAKE TO CHOCOLATE CAKE NO RECIPE by Takako Inada
Copyright©2012 Takako Inada
All rights reserved.
Original Japanese edition published by SHUFU-TO-SEIKATSU SHA
LTD.,Tokyo.
Complex Chinese edition copyright©2015 by Elegant Books Cultural
Enterprise Co.,Ltd.
This Complex Chinese language edition is published by arrangement with
SHUFU-TO-SEIKATSU SHA LTD., Tokyo in care of Tuttle-Mori Agency,
Inc., Tokyo
Through Keio Cultural Enterprise Co.,Ltd New Taipei City, Taiwan.

總 經 銷／朝日文化事業有限公司
進退貨地址／235新北市中和區橋安街15巷1號7樓
電　　話／Tel：02-2249-7714
傳　　真／Fax：02-2249-8715

國家圖書館出版品預行編目(CIP)資料

最詳細の烘焙筆記書III從零開始學戚風蛋糕&巧克力
蛋糕 / 稲田多佳子 著；黃鏡蒨譯. -- 初版. -- 新北市：
良品文化館出版：雅書堂發行, 2015.03
面；　公分. -- (烘焙良品 ;39)
　ISBN 978-986-5724-29-0 (平裝)
1.點心食譜
427.16　　　　　　　　　　104000586

STAFF

書本設計／ 若山嘉代子　若山美樹
　　　　　　L' espace
採　　訪／ 相沢ひろみ
攝　　影／ 吉田篤史
　　　　　（P22-P25）
校　　閱／ 滄流社
編　　集／ 足立昭子

從零開始學！

從零開始學

餅乾&奶油麵包

最詳細の烘焙筆記書I
從零開始學餅乾&
奶油麵包
稻田多佳子◎著
定價：350元

從零開始學
起司蛋糕 & 瑞士卷

最詳細の烘焙筆記書II
從零開始學起司蛋糕&
瑞士卷
稻田多佳子◎著
定價：350元